# UNIVERS PARALLÈLES

Du même auteur

Darwin hérétique
L'éternel retour du créationnisme
*Seuil, « Science ouverte », 2007*

Vive le créationnisme !
Point de vue d'un évolutionniste
*Éditions de l'Aube, 2009*

*THOMAS LEPELTIER*

# UNIVERS PARALLÈLES



OUVRAGE PUBLIÉ AVEC LE CONCOURS
DU CENTRE NATIONAL DU LIVRE

*ÉDITIONS DU SEUIL*
*27, rue Jacob, Paris VI^e^*

ISBN 978-2-02-097415-8



www.editionsduseuil.fr

*À mes parents*
*qui m'ont ouvert les yeux*
*sur certains mondes parallèles.*

# Avertissement

Ce livre retrace l'histoire des spéculations sur les univers parallèles ou multiples. C'est donc un livre d'histoire des idées ou des sciences, suivant que l'on juge ces spéculations comme scientifiques ou non. Le récit aurait pu devenir rapidement très alambiqué, tant cette histoire n'a rien de linéaire et fait écho à des débats parfois très techniques. Mais nous avons essayé de faire simple. Ce livre devrait pouvoir être lu sans connaissances précises en physique et en cosmologie. Bien sûr, les spécialistes pourront toujours lui reprocher quelques approximations. Il passe très rapidement sur l'évolution de telle ou telle idée ; il ne mentionne pas les mille travaux érudits qui nuancent telle ou telle affirmation ; et il présente de manière très simplifiée certains concepts scientifiques. Était-ce nécessaire ? Nous le pensons. C'est le prix à payer pour ne pas trop accabler l'esprit curieux qui n'est pas familier de ce genre de littérature. Cela dit, nous espérons que la simplicité recherchée n'a pas trop édulcoré la hardiesse de ces spéculations sur les univers parallèles ou multiples. À vous maintenant, chère lectrice ou cher lecteur, de les découvrir.

Prologue

# L'éternité par les astres

> « Mais, interrompit la Marquise, en disant toujours "pourquoi non ?" vous m'allez mettre des habitants dans toutes les planètes ? N'en doutez pas, répliquai-je, ce "pourquoi non ?" a une vertu qui peuplera tout. »
>
> Fontenelle, *Entretiens sur la pluralité des mondes*, 1686.

L'homme avait déjà passé une grande partie de sa vie en prison. Le 17 mars 1871, à l'âge de soixante-six ans, il est de nouveau conduit dans les geôles françaises. Le 24 mai, il se retrouve enfermé au fort du Taureau, en baie de Morlaix, dans le Finistère. Il y passera un peu plus de cinq mois, avant d'être transféré à la prison de Versailles, puis à celle de Clairvaux, dans l'Aube, où il sera gracié en juin 1879. Mais de ces pérégrinations il ne sait encore rien. Pour l'instant, gardé par toute une garnison et par un vaisseau de guerre, il est le seul prisonnier sur ce piton rocheux frappé par les vagues. Sa peau ne vaut pas cher : à la moindre tentative d'évasion, il sera abattu, est-il prévenu. Seul, coupé du monde, dans des conditions difficiles, il ne sait pas s'il recouvrera un jour la liberté. Toutefois, pendant son séjour, Auguste Blanqui – puisque c'est de lui qu'il s'agit – trouve la force d'écrire un livre d'une profondeur abyssale : *L'Éternité par les astres* (publié en février 1872).

Blanqui, le révolutionnaire, l'insurgé, le pourfendeur inlassable de l'ordre établi, délaisse l'essai historique ou le pamphlet politique. Cette fois-ci, il est question de métaphysique, ou, plus exactement, de cosmologie ; à moins que ce ne soit de théologie. L'ouvrage est effectivement difficile à classer. Fondamentalement, il n'y est question que d'astronomie. Mais, pour Blanqui, la science des astres ouvre d'étonnantes perspectives sur l'existence. Elle lui apprend que ce qu'il est en train d'écrire dans un cachot du fort du Taureau, il l'écrira « pendant l'éternité, sur une table, avec une plume, sous des habits, dans des circonstances toutes semblables ». Point d'élucubration ici. Blanqui ne fait qu'analyser les conséquences des dernières avancées de l'astronomie. Il découvre que chaque objet, du grain de sable à l'étoile – êtres vivants compris –, se répète une infinité de fois dans la nature. Il découvre également que toutes les variantes possibles de ces objets se réalisent, elles aussi, une infinité de fois. Enfin, il découvre que toutes ces répétitions sont à la fois instantanées et échelonnées dans le temps. En somme, Blanqui découvre qu'il existe au sein d'une pluralité de mondes dans laquelle tous les possibles se réalisent une infinité de fois à chaque instant.

La thèse, pour stupéfiante qu'elle paraisse, est présentée

sans aucune ironie. Le style de Blanqui est sobre et précis, son argumentation rigoureuse. D'ailleurs, elle se résume aisément. Blanqui part d'un univers infini, puisqu'il lui paraît inconcevable que l'espace rencontre une limite. La non-existence de l'univers étant également impossible à concevoir, il en déduit que le temps s'écoule depuis l'éternité. Quant à la matière, il postule que sa composition est identique dans tout l'univers. Les astronomes venaient de montrer, quelques années avant son emprisonnement, grâce à la spectroscopie – qui détermine la nature des constituants d'un corps à partir du rayonnement qu'il émet –, que c'était le cas pour l'univers visible. L'extrapolation à l'univers tout entier paraissait s'imposer d'elle-même : il n'y avait aucune raison que, partout dans l'univers, la matière ne soit pas composée des mêmes briques élémentaires (ce qu'on appelle maintenant les atomes). Avec ces prémisses, Blanqui peut facilement montrer que, si un corps apparaît une fois dans l'univers, il s'y retrouve une infinité de fois. Réfléchissez : en jetant plusieurs fois de suite deux dés, on peut facilement obtenir deux fois la même combinaison (par exemple, deux six) ; s'il était possible de les jeter une infinité de fois, on obtiendrait une infinité de fois les mêmes combinaisons. Tout corps n'étant qu'une combinaison de briques élémentaires, il faut en conclure que, dans un univers infini, il y a nécessairement une répétition à l'infini des mêmes corps.

D'aucuns pourraient objecter que certains organismes ont une probabilité si faible de formation qu'ils n'ont quasi aucune chance de se retrouver en deux exemplaires. Ce serait oublier que, même au loto, où la probabilité d'avoir tous les bons numéros est très faible, on serait sûr de gagner si, en gardant la même combinaison, on pouvait jouer suffisamment de fois. S'il était possible de jouer à l'infini, on gagnerait une infinité de fois. C'est la même chose pour l'univers, sauf que – selon la conception de Blanqui – l'infini est réalisé spatialement et temporellement. Du coup, n'importe quelle combinaison se reproduit une infinité de fois. La seule possibilité pour qu'une combinaison ne se répète pas serait qu'elle ait une probabilité nulle de se former. Mais, dans ce cas, il n'en existerait aucun exemplaire dans tout l'univers. En revanche, si une combinaison existe quelque part, elle existera nécessairement une infinité de fois ailleurs. Cela est vrai des êtres humains. Cela est vrai de la Terre. Cela est vrai de tout objet. Il n'y a pas un caillou, pas un arbre, pas un ruisseau, pas un animal, pas un être humain, qui ne se retrouve une infinité de fois dans l'univers. Cette multiplication des corps à l'infini n'est pas une révélation. C'est, pour Blanqui, une nécessité logique.

Le célèbre insurgé voit immédiatement les conséquences étonnantes de cette découverte sur un plan existentiel. D'abord, chaque fois qu'il fait un geste, il y a une infinité d'autres Blanqui qui font le même geste, dans les mêmes circonstances, sur une planète identique. Ensuite, pour chaque geste qu'il a fait dans sa vie, il y a eu une infinité d'êtres qui lui ont été similaires jusqu'au moment où il a fait ce geste, mais qui ont effectué un autre geste. L'histoire de sa vie a ainsi connu de multiples bifurcations : sur une infinité d'autres planètes, en fonction de ce qui est possible, il y a peut-être une infinité d'autres Blanqui qui n'ont pas été emprisonnés au fort du Taureau ; sur une infinité d'autres planètes encore, il y a peut-être une infinité d'autres Blanqui à n'avoir pas pris la plume pour écrire ce livre ; sur une infinité d'autres planètes… et ainsi de suite : chaque seconde amène sa bifurcation. Ce n'est pas tout. Si, chaque fois qu'il fait un geste, il y a une infinité d'autres Blanqui à faire le même geste au moment où il le fait, il y a également une infinité d'autres Blanqui à le faire avec une seconde, deux secondes, trois secondes d'écart… Blanqui existe en une infinité d'exemplaires à la fois dispersés dans l'espace et échelonnés dans le temps. Chaque exemplaire naît, vit et meurt, mais il en naît, il en meurt une infinité d'autres à chaque seconde qui s'écoule. Si pour Blanqui – comme pour chaque être humain, d'ailleurs – il existe un nombre sans fin de doubles de lui-même qui vivent une vie absolument identique à celle qu'il vit, non seulement de son âge actuel, mais de tous ses âges, il faut en conclure qu'il est « éternel dans la personne d'autres lui-même ». C'est pour cela que Blanqui écrivait – et peut-être qu'il continue à écrire quelque part dans l'univers à l'instant précis où vous lisez ces lignes – que ce qu'il est en train d'écrire dans un cachot, il l'écrira « pendant l'éternité, sur une table, avec une plume, sous des habits, dans des circonstances toutes semblables ».

Inutile de le cacher : la thèse de Blanqui donne le vertige. Considérer que le monde est une infinie duplication de tous les possibles est troublant. Est-ce pour cette raison que cette thèse n'a pas connu un grand succès ? Ou est-ce, plus trivialement, en raison de quelques vices de raisonnement dans son argumentation ? Blanqui n'était pas physicien, et sa vision de l'univers est désormais caduque. Il ne serait donc pas étonnant qu'il se soit fourvoyé dans ses analyses. Pourtant, depuis la fin du XX$^{e}$ siècle, force est de constater que sa thèse trouve un nouveau souffle de vie. Ce n'est désormais plus du fond d'un cachot qu'elle émerge, mais dans les plus grandes universités de par le monde. C'est à Cambridge, à Oxford, à Princeton… que séjournent ses défenseurs les plus aguerris. Pour ces chercheurs, notre univers est tout simplement immergé au sein d'un ensemble gigantesque, voire infini, d'univers[1]. Il est même envisagé par certains théoriciens qu'une multitude de nouveaux univers se crée en permanence, soit à l'endroit même où nous sommes, soit « loin » de nous, soit dans d'autres structures spatio-temporelles que la nôtre. Là où Blanqui n'imaginait que des Terres « parallèles », toutes situées au sein d'un même univers, ces cosmologistes avancent que ce

1. Bien sûr, dans toutes ces spéculations sur les univers parallèles ou multiples, le terme d'« univers » ne représente pas l'ensemble de tout ce qui existe. Autrement, son utilisation au pluriel aurait été maladroite. Dans ces spéculations, ce terme ne représente que des parties, différentes suivant le cas, du grand Tout. Il peut servir à désigner des régions très éloignées de l'espace-temps, plus ou moins sans lien causal entre elles. Il peut servir à désigner des mondes qui se « superposent », sans trop interagir, dans la même structure spatio-temporelle. Il peut servir à désigner des mondes coexistant dans différentes dimensions de l'espace, etc. Ces différentes situations seront présentées dans la suite du livre. Parfois, pour parler de l'ensemble des univers ou des mondes, il sera fait usage des termes « multivers » ou « multimondes ».

sont les univers eux-mêmes qui sont parallèles[1]. Mais, dans les deux cas, se pose toujours la question de savoir s'il existe d'autres nous-mêmes dans ces mondes parallèles.

Délire de chercheurs ? Respectable hypothèse scientifique ? Découverte de demain ? La réponse à ces questions est cruciale. D'abord, pour des raisons existentielles : oseriez-vous dire que vous êtes indifférent à l'existence d'autres vous-mêmes ? Ensuite, pour des raisons scientifiques : après avoir accepté l'idée que la Terre n'est pas le centre du monde, que le Soleil est une étoile parmi d'autres et qu'il existe d'autres galaxies en dehors de la nôtre, faut-il s'ouvrir à l'idée que notre univers n'est qu'un univers quelconque parmi une multitude d'univers ? Enfin, pour des raisons théologiques : il faut en effet savoir que cette thèse d'une pluralité d'univers fait actuellement irruption en plein cœur d'un débat théologique des plus brûlants.

Blanqui avait flirté avec la théologie quand, sans faire référence à Dieu, il avait prétendu prouver son immortalité. La thèse des univers multiples ou parallèles se situe dans un rapport encore plus conflictuel avec la théologie. Après les controverses sur les origines de l'homme et de la

1. Notons toutefois que, si Blanqui ne parle pas d'univers parallèles, ses idées d'une répétition des mêmes configurations ne s'appliquent pas uniquement à tel ou tel individu, par exemple Blanqui lui-même dans son cachot, ou à la Terre. Elles peuvent servir à définir de vastes régions de l'espace-temps, comprenant une multitude de galaxies, dont la configuration serait identique à celle d'autres régions. En appelant univers ces régions de base, les idées de Blanqui permettent de définir un concept *a minima* d'univers parallèles ou multiples.

vie ou, plutôt, en parallèle à ces controverses qui sont loin d'être éteintes – voir le développement actuel de la théorie du dessein intelligent[1] –, c'est au tour de la cosmologie d'être le terrain d'un nouvel affrontement entre athées et croyants. Ce qui a mis le feu à la poudre est un constat troublant : les paramètres de notre univers (masse des particules élémentaires, intensité des forces, etc.) ont très précisément les valeurs nécessaires pour que la vie puisse apparaître sur une planète. Si elles avaient été très légèrement différentes, aucune vie ne serait apparue dans l'univers. Pour les croyants, cet ajustement très précis des paramètres de l'univers est un indice de l'existence d'un Créateur. C'est ce dernier qui aurait ajusté l'univers de telle sorte que la vie – et bien sûr des êtres doués d'une conscience – ait pu apparaître. « Foutaise ! » rétorquent les athées. Pour eux, il suffit de reconnaître que notre univers coexiste avec une multitude d'univers pour supprimer le caractère hautement improbable de cet ajustement : plus il y a d'univers avec des paramètres différents, moins il est surprenant qu'au moins un univers soit propice au développement de la vie. Il n'y a donc aucun besoin de recourir à l'hypothèse d'un Créateur pour expliquer l'apparent ajustement des paramètres de l'univers. « Théorie pseudo-scientifique ! » ripostent à leur tour les croyants : la pluralité d'univers est une hypothèse hautement spéculative, non vérifiable, qui ne traduirait que le désir désespéré des

1. Thomas Lepeltier, *Darwin hérétique. L'éternel retour du créationnisme*, Seuil, 2007.

athées d'échapper à la conclusion que notre univers porte les traces d'un dessein. Bref, les couteaux sont tirés. La plupart des protagonistes de ce débat campent fermement sur leur position : d'un côté, il y a ceux qui défendent l'hypothèse des univers parallèles ou multiples ; de l'autre, ceux qui soutiennent celle d'un Designer. Entre les deux, les conciliations sont rares. Il y a, bien sûr, tous ceux qui rejettent les deux hypothèses. Mais ils ne proposent pour l'instant aucune explication à l'étonnant ajustement des paramètres de notre univers. Ils ont beau refuser l'option théologique et l'option spéculative, ils laissent le mystère entier.

Ce que Blanqui a écrit dans un cachot du fort du Taureau est-il actuellement, et sera-t-il pour l'éternité, en train de l'écrire « sur une table, avec une plume, sous des habits, dans des circonstances toutes semblables » ? La question, laissée de côté, évacuée, oubliée pendant des décennies, est donc à nouveau d'actualité. Il est peut-être temps de l'aborder, de comprendre d'où elle vient, comment elle a évolué et pourquoi elle a resurgi au sein des théories scientifiques les plus modernes. Alors, peut-être, serons-nous mieux à même d'y répondre.

CHAPITRE 1

# Théologie des mondes multiples

Ils ont pour noms Pierre de Tarentaise, Richard de Middleton, ou encore Augustinus Triumphus. Ils sont peu connus de nos jours. À la fin du XIII$^{e}$ et au début du XIV$^{e}$ siècle, ils eurent pourtant l'audace d'affirmer la possible existence d'autres mondes. Cela faisait des siècles que plus aucun penseur n'avait avancé une telle chose. Mais toute une série de questions, liées au dogme de la toute-puissance divine, taraudait et passionnait les théologiens de l'époque. Pas uniquement en ce qui concerne la possible coexistence de plusieurs mondes. Les théologiens se demandaient si Dieu peut faire autre chose que ce qu'il fait ; s'il peut annuler les vérités éternelles ; s'il peut faire que ce qui s'est déjà produit n'ait pas eu lieu ; et ainsi de suite. Ces questions n'étaient pas toujours aussi abstraites, puisque les théologiens n'hésitaient pas à se demander si Dieu peut faire qu'une vierge déflorée recouvre sa virginité ! Bien sûr, elles n'étaient pas gratuites et avaient des motivations explicitement théologiques. Mais ces questions relevaient également de la logique. Demander ce que Dieu peut ou ne peut pas faire, c'est s'interroger sur les limites du possible. Or ce concept n'a jamais été facile à saisir. Une chose est-elle possible si et seulement si elle n'est pas contradictoire ? Ou est-elle possible si elle peut être réalisée ? La différence est importante. Une chose pourrait être non contradictoire et n'avoir aucune chance de se réaliser. Reste que, autour de l'an 1300, de toutes ces spéculations, la question de la pluralité des mondes était l'une des plus débattues.

À l'époque, affirmer la possible coexistence de plusieurs mondes n'est pas évident. D'accord, Dieu est tout-puissant. Mais comment concevoir cette coexistence ? Comment faire en sorte qu'elle n'entraîne aucune contradiction logique ? Et comment en rendre compte physiquement ? Dans l'Antiquité, les atomistes avaient bien proposé dès le V^e siècle av. J.-C. une cosmologie pluraliste. Chaque monde avec sa multitude d'astres était conçu comme un espace fermé sur lui-même. Tous les phénomènes visibles que les hommes pouvaient observer depuis la Terre (le Soleil, la Lune, les planètes et les étoiles) faisaient partie de leur monde. Les autres mondes étaient au-delà. Personne ne pouvait les percevoir. Ils étaient dispersés au sein d'un univers infini comme des entités distinctes les unes des autres. Cette cosmologie avait toutefois trouvé un adversaire de taille avec Aristote. Ce philosophe avait défendu la thèse de l'unicité du monde. Le christianisme des premiers siècles avait repris cette conception de l'univers : Dieu avait créé un monde unique dans lequel les hommes étaient ses créatures privilégiées ; la Terre était située au centre ; quant à la limite de ce monde, elle était définie par la sphère des étoiles fixes.

Pas facile donc de concevoir l'existence d'autres mondes. D'ailleurs, il ne venait pas vraiment à l'esprit des penseurs médiévaux de s'y essayer, du moins jusqu'au XIIIe siècle.

C'est à ce moment que la situation commence à changer. Le christianisme triomphe. On construit des cathédrales à la gloire de Dieu. C'est à qui bâtira la plus haute, la plus grande, la plus belle. Beauvais dépasse Amiens, Chartres dépasse Reims, Paris dépasse Bourges. La notion de toute-puissance divine gagne ainsi en force. Tout devient possible à Dieu. Pourtant, au même moment, voilà que la physique d'Aristote, qui affirme l'impossibilité de la pluralité des mondes, commence à exercer une emprise déterminante sur les esprits. Ce philosophe ne va-t-il pas limiter la toute-puissance divine ? C'est contre cette menace que se dressent des Pierre de Tarentaise, des Richard de Middleton et des Augustinus Triumphus. Contre Aristote, ils sont parmi les premiers à réaffirmer la possible pluralité des mondes. C'est au nom de Dieu qu'ils le font.

## Débats médiévaux sur la pluralité des mondes

Aristote n'a jamais été absent de l'Occident chrétien. Il a toujours joué un rôle dans l'éducation et dans la culture des lettrés. Mais, pendant longtemps, sa physique n'était pas connue. Les traductions arabes de la science grecque, dont celle d'Aristote, commencent au IXe siècle. Au XIIe siècle, c'est au tour des traductions latines de voir le jour. Le livre d'Aristote, *Du ciel* (*De caelo*), dans lequel il présente le plus explicitement sa vision du monde ou, ce qui est équivalent, de l'univers, n'est traduit qu'en 1170. Rapidement, ce livre devient une référence. La physique d'Aristote constitue désormais le cadre standard de toute réflexion sur la nature. Mais, en dépit de son succès, la philosophie aristotélicienne est parfois abordée avec méfiance et même hostilité par des théologiens quelque peu conservateurs. Ce n'est pas surprenant. Après tout, Aristote a beau être une autorité, il considère que le monde est éternel, ce qui nie l'acte divin de la Création ; il estime qu'une propriété ne peut exister indépendamment d'une substance matérielle, ce qui heurte de front la doctrine de l'Eucharistie ; il avance que les opérations de la nature sont régulières et inaltérables, ce qui exclut les miracles ; enfin, il affirme que l'âme ne survit pas au corps, ce qui nie la croyance en son immortalité. Autant de thèses qui contredisent la doctrine de l'Église. Le conflit est donc imminent.

En 1210, une première interdiction d'expliquer en public et en privé les livres d'Aristote sur la nature est prononcée, sous peine d'excommunication. D'autres condamnations suivent, sans que soit mis un terme aux discussions des thèses d'Aristote. La tension s'accroît suffisamment dans la seconde moitié du siècle pour que, en 1270, Étienne Tempier, évêque de Paris, intervienne en condamnant treize propositions issues de l'enseignement d'Aristote. Ce n'est pas suffisant pour calmer le jeu. En 1277, Tempier condamne cette fois-ci deux cent dix-neuf propositions et menace d'excommunication quiconque soutient ne fût-ce qu'une seule des erreurs condamnées. En particulier, il censure la thèse qui, s'appuyant sur la physique d'Aristote, stipule que Dieu n'a pas pu créer plusieurs mondes. Quelles que soient les vertus du système aristotélicien, l'évêque de Paris affirme ainsi que Dieu n'est pas contraint par les lois formulées par le savant grec.

Quelle est cette cosmologie aristotélicienne censée être incompatible avec la toute-puissance divine ? L'idée fondamentale d'Aristote est que le monde – notre monde – est clos et sans extériorité : les corps célestes forment des sphères concentriques tournant autour d'une Terre immobile, et les étoiles fixes représentent la dernière sphère au-delà de laquelle il n'y a rien. Dans ce monde ou univers fini, Aristote définit deux régions aux propriétés physiques bien distinctes : d'un côté, le monde supralunaire où les astres, sans subir aucune altération au cours du temps, sont animés d'un mouvement uniquement circulaire autour de la Terre ; de l'autre côté, le monde sublunaire où les choses sont soumises au changement et à la corruption. La première région n'est constituée que d'éther. Dans la seconde, où il n'y a pas de vide – état qu'Aristote juge impossible –, tout corps est un composé de quatre éléments (la terre, l'air, l'eau et le feu). À chacun de ces éléments est attribué un lieu naturel : la terre au centre du monde avec l'eau au-dessus, puis l'air et enfin le feu dans le ciel. Aristote distingue alors deux types de mouvement : le mouvement *naturel* et le mouvement *forcé*. Le premier correspond au mouvement qu'un corps effectue « naturellement » vers le lieu naturel de son élément dominant ; le second se produit quand un agent l'en éloigne ; par exemple, quand une pierre est jetée en l'air.

S'appuyant sur cette cosmologie, Aristote offre plusieurs arguments contre la pluralité des mondes. Par exemple, il avance que, si plusieurs mondes existent, un espace doit s'intercaler entre eux. Ce qui est vrai puisque les mondes sont sphériques et que des sphères, même si elles se touchent, ne peuvent occuper tout l'espace. Or cet espace intermédiaire ne peut être occupé par de la matière. Autrement, il faudrait concevoir de la matière n'appartenant à aucun monde. Ce qui est absurde, déclare Aristote. Cet espace ne peut non plus être constitué de vide puisque le vide n'existe pas. Bref, l'existence de plusieurs mondes est impossible. Réfutation imparable, en termes aristotéliciens.

Voici un autre argument. S'il y a plusieurs mondes, il y a plusieurs centres. Un corps constitué de terre devrait se diriger naturellement vers le centre de ces mondes puisque c'est là que se trouve le lieu naturel de la terre. Or ce corps ne peut se diriger vers les différents centres simultanément. Il se rapprochera d'un centre et s'éloignera des autres. Ce qui implique que le même mouvement sera forcé vis-à-vis d'une multitude de mondes et naturel par rapport à un seul. Cette conclusion contredit toute la doctrine du mouvement naturel sur laquelle est construite la physique aristotélicienne. Aristote ne peut que rejeter ces prémisses et affirmer qu'il n'existe qu'un centre, c'est-à-dire qu'un seul monde.

Face à ces arguments, comment affirmer que Dieu a pu créer d'autres mondes ? Avant 1277, des théologiens, soucieux de réaffirmer la toute-puissance divine, avaient trouvé une solution. Ils avaient affirmé que Dieu a pu créer d'autres mondes, mais qu'il n'a pu le faire suivant les lois de la nature. L'idée de pluralité des mondes était simplement une possibilité toute théorique, qui n'avait rien d'une conception physique. Par exemple, Albert le Grand, l'un des plus importants théologiens du XIII^e siècle, suit de près les arguments d'Aristote pour conclure avec lui que la pluralité des mondes n'est pas possible physiquement. Cette idée est si bien ancrée dans les esprits que, la plupart du temps, les théologiens ne se donnent même pas la peine de reprendre en détail l'argumentation d'Aristote. C'est le cas de théologiens influents comme Michel Scot, Guillaume d'Auvergne et Roger Bacon, qui se contentent de rejeter la possibilité d'autres mondes en évoquant l'impossibilité du vide. La question de la pluralité est ainsi rapidement réglée. Avant 1277, le pouvoir divin est donc très relatif. Dieu peut éventuellement faire que l'impossible soit, mais il ne peut rendre naturel l'impossible. La nature a ses lois qu'il ne peut manipuler à sa guise ; à la rigueur, il peut les outrepasser.

De toute façon, quel intérêt Dieu aurait-il eu à créer d'autres mondes ? Personne n'en voit le sens. Par exemple, un Thomas d'Aquin, disciple d'Albert le Grand, reprend globalement les arguments d'Aristote contre la pluralité des mondes. Il ajoute cependant des arguments d'ordre théologique. Il commence par reconnaître, de façon très abstraite, que Dieu aurait pu créer d'autres mondes s'il l'avait vraiment voulu. Mais pourquoi l'aurait-il fait ? se demande-t-il. Si les autres mondes sont similaires au nôtre, ils sont superflus. S'ils sont différents, aucun ne sera parfait, puisque aucun ne pourra incorporer la totalité de ce qui existe. Ce n'est que la combinaison de tous les mondes différents qui permet d'obtenir un monde parfait. Or cet état de perfection ne serait-il pas atteint plus directement par un seul monde ? Du point de vue de Dieu, il semble donc préférable de faire un seul monde parfait, plutôt que plusieurs imparfaits. En faisant ainsi reposer l'idée de toute-puissance sur celle de perfection, Thomas d'Aquin montre qu'un monde unique ne nie pas la toute-puissance divine. L'argument ne rend pas théologiquement impossible une pluralité de mondes ; il la rend superflue. Pour que celle-ci passe d'une simple hypothèse théologique à une hypothèse physique, il faudra que soit mis un terme à l'hégémonie de la physique aristotélicienne.

C'est la condamnation de 1277 qui jouera ce rôle en incitant certains penseurs à prendre au sérieux l'idée d'un Dieu créant d'autres mondes. Pierre de Tarentaise, Richard de Middleton et Augustinus Triumphus initieront la démarche. Il reviendra à des penseurs, à des théologiens ou à des maîtres ès arts, comme Guillaume d'Ockham, Nicolas Oresme ou Jean Buridan, pour ne citer que les plus célèbres, de véritablement porter le fer contre la cosmologie aristotélicienne. Soutenir la possibilité physique d'une pluralité de mondes passe en effet par une réfutation des arguments d'Aristote. Ce dernier avait avancé que l'existence de plusieurs mondes était impossible puisqu'un corps passant d'un monde à un autre posséderait à la fois un mouvement forcé et un mouvement naturel. La démarche des contempteurs d'Aristote consiste à relativiser ces notions. Ils affirment que le concept de lieu naturel d'un élément est relatif au monde dans lequel se trouve cet élément. Ces réflexions ouvrent la porte à l'existence de lieux, d'un vide et d'un temps situés au-delà de notre monde, toutes choses qu'Aristote avait rejetées. Bien avant Copernic, et bien avant Galilée, la physique d'Aristote commence ainsi à se lézarder[1].

Notons toutefois que ces penseurs médiévaux ne semblent pas aller jusqu'à affirmer que Dieu a *réellement* créé d'autres mondes. Ils soutiennent seulement qu'il aurait pu le faire très naturellement et montrent comment cette coexistence de plusieurs mondes est possible physiquement. Il y a ainsi chez eux un mélange d'audace et de conservatisme. La pluralité des mondes passe du statut d'impossibilité à celui de plausibilité physique, sans que lui soit accordé le statut de réalité. Avant que celle-ci ne soit véritablement affirmée, il faudra que l'idée de monde se métamorphose.

1. Selon l'historien et philosophe des sciences Pierre Duhem, les condamnations de 1277 ont stimulé l'imagination scientifique, de sorte que la critique par Galilée de la physique aristotélicienne ne serait que le point culminant d'une démarche qui a pris son essor bien avant lui. Duhem avançait même que la science moderne est ainsi née de cet acte de censure : elle est fille de l'Église ! Depuis sa formulation au début du XXe siècle, cette thèse de Duhem a souvent été critiquée, notamment par l'historien Alexandre Koyré. De nos jours, la plupart des historiens des sciences estiment qu'elle est trop radicale, mais ils ne rejettent pas pour autant l'idée que ces condamnations ont joué un rôle important dans la constitution de la physique moderne. La science moderne ne serait donc peut-être pas née de la théologie, comme l'avançait Duhem, mais celle-ci n'en aurait pas moins contribué à son éclosion.

## Du monde clos à l'univers infini

Jusqu'au XVIIe siècle, les termes du débat sur la pluralité des mondes n'évoluent guère, à quelques exceptions près (notamment avec Nicolas de Cues, cf. ci-après). Puis, progressivement, à partir de cette époque, la pluralité se met à concerner les astres. Non pas que ces derniers fussent auparavant absents des cosmologies pluralistes. Au centre de chaque monde, il y avait bien une Terre et d'autres planètes. Mais les mondes restaient des entités closes. Or, à l'approche du XVIIe siècle, et surtout après, la contestation croissante de la physique d'Aristote conduit à l'éclatement des sphères célestes et à la transformation de notre monde en un univers sans limites et sans centre, peuplé d'une multitude de corps célestes. C'est ainsi que la pluralité se met à concerner les astres. Le statut de ces derniers n'est pas toujours très clair. Au début, les différents contributeurs de ce débat ne font pas systématiquement la différence entre une étoile et une planète. Qu'importe cette confusion ! L'important est que beaucoup de penseurs soient séduits par l'idée d'un univers n'ayant plus vraiment de bornes et peuplé par un nombre incalculable d'astres, parfois habités par une foule d'êtres plus ou moins similaires à ceux résidant sur Terre. Quand les étoiles seront enfin assimilées à des soleils autour desquels des planètes orbitent, le concept de monde en tant que totalité fermée disparaîtra complètement pour représenter tout système possédant un centre. En somme, tout système solaire, voire toute planète, deviendra un monde. Ce grand changement de perspective s'explique par plusieurs facteurs se renforçant les uns les autres.

En 1543, juste avant de mourir, Nicolas Copernic publie son fameux ouvrage, *Des révolutions des sphères célestes* (*De revolutionibus orbium coelestium*). Il y défend la thèse que c'est la Terre qui tourne autour du Soleil et non l'inverse. À propos de la signification de cette doctrine pèse depuis longtemps un contresens. La vulgate affirme que ce décentrement de la Terre revenait à faire perdre à l'homme sa place centrale dans l'univers. Cela aurait été une façon de le rabaisser et de le rendre plus humble. Il est difficile de se méprendre davantage sur la symbolique de l'univers médiéval. Comment oublier qu'au Moyen Âge l'univers est « diabolocentré » (de « diable » et « centré ») ? De fait, à l'époque, qu'y a-t-il au centre du monde ? Tout simplement, l'enfer. La partie noble, c'est l'empyrée. S'en rapprocher, c'est s'élever. Du coup, en ôtant la Terre du centre du monde, Copernic ne rabaisse pas l'homme : il l'élève ! Quant au centre de l'univers, il lui rend sa dignité : il y met un astre lumineux, aveuglant de clarté. Quoi qu'il en soit de cette mutation symbolique, la vision héliocentrique du cosmos ne s'est pas imposée tout de suite. Il faut encore attendre Kepler, Galilée et Newton pour que la tradition aristotélicienne s'éclipse véritablement. Décennie après décennie, la vision héliocentrique n'en accroît pas moins son emprise sur les esprits.

Pris à la lettre, l'héliocentrisme de Copernic n'apporte rien au débat sur la pluralité des mondes. Ce savant pense toujours l'univers comme un monde clos et ne prend jamais position en faveur de l'existence d'autres mondes. Mais, en transformant la Terre en une planète orbitant autour du Soleil, son système héliocentrique suggère à d'autres que, autour des étoiles que l'on perçoit loin dans le ciel, il pourrait y avoir des planètes en orbite et que, par conséquent, l'univers n'aurait pas de centre. Il faut toutefois attendre un siècle environ pour que s'opère ce passage d'un système héliocentrique à un système dépourvu de centre. Ce n'est véritablement qu'à partir du modèle cosmologique de René Descartes, exposé dans ses *Principes philosophiques* (*Principia philosophiae*, 1644), que toute étoile est assimilée à un soleil autour duquel orbitent des planètes. Dans un univers plein, rempli d'atomes et sans vide, Descartes déduit que, une fois mis en mouvement par Dieu, les atomes se mettent à former des tourbillons autour de chaque étoile, de la même manière que les planètes de notre système solaire tournent autour du Soleil. Du coup, l'univers apparaît comme un agrégat de mondes irrégulièrement dispersés à travers l'espace. Il n'a plus de centre, il n'a plus de bornes, il n'a plus de structure globale.

L'impact des idées de Copernic n'aurait probablement pas été aussi fort si elles n'avaient été suivies des observations de Tycho Brahe et de Galilée. En 1572, le premier observe l'apparition d'une nouvelle étoile dans le ciel. Le monde supralunaire n'est donc pas immuable. La division de l'univers en deux régions distinctes dans leurs propriétés et dans leur dignité voit ainsi venir sa fin. Près de quatre décennies plus tard, en 1609 précisément, l'observation des cieux avec une lunette astronomique vient parfaire cette remise en cause d'une distinction céleste. Dans son livre *Le Messager des étoiles* (*Siderius nuncius*, 1610), Galilée écrit avoir découvert, grâce à ce nouvel instrument, des montagnes sur la Lune, quatre satellites de Jupiter et un grand nombre d'étoiles jusque-là invisibles à l'œil nu. Ces observations suggèrent que la Lune n'est pas une sphère parfaite comme on l'avait longtemps pensé, mais un astre corruptible, comme la Terre. Jupiter se voit également assimilé à une Terre avec ses satellites. Le même raisonnement commence alors à s'appliquer aux autres planètes du système solaire. Ne seraient-elles pas, elles aussi, des Terres ? Puis apparaît l'idée que toutes ces planètes et tous ces satellites abriteraient des formes de vie. Poussant encore plus loin l'analogie, il devient possible de subodorer qu'il existe des planètes autour des autres étoiles et qu'elles abritent également une forme de vie. Pourquoi en effet limiter à la seule Terre et à quelques planètes la présence d'êtres vivants ?

Cette tendance à multiplier le nombre de mondes se renforce également avec le retour de l'atomisme antique qui a été jusqu'à affirmer l'existence d'une infinité de mondes. Longtemps supplanté par la philosophie d'Aristote, le voilà qui refait surface à la fin du Moyen Âge. En 1417 exactement, deux siècles et demi après l'apparition en Occident latin de l'ouvrage d'Aristote *Du ciel*, le manuscrit de Lucrèce, *De la nature* (*De rerum natura*), est découvert. Mais la diffusion de l'atomisme n'est pas instantanée. L'ouvrage de Lucrèce est d'abord admiré pour son style littéraire. Il est vrai que c'est un magnifique poème. Ce n'est, là encore, qu'à l'approche du XVII^e^ siècle que sa philosophie suscite véritablement un regain d'intérêt. Alors que l'on parlait jusqu'ici d'autres mondes, sans spécifier leur nombre, il est maintenant question d'en concevoir une infinité.

Si tous ces facteurs se conjuguent pour faire éclater le cosmos des Anciens, ils ne sont pas suffisants pour expliquer pourquoi les savants de l'époque en viennent à la thèse d'une pluralité de mondes habités. De fait, personne ne voit d'habitants sur la Lune ou Jupiter et ne distingue de planètes autour des étoiles. Il leur faut donc aller au-delà de l'héliocentrisme et au-delà de ce qui est observé. Cette extrapolation est encouragée par la reviviscence de ce qu'on appelle le « principe de plénitude », déjà utilisé par les atomistes. Dans sa formulation générale, il stipule que l'univers est plein de tous les possibles. Ce n'est, bien sûr, pas un principe explicite que les savants postulent. C'est plutôt un schème conceptuel qui les incite à imaginer qu'il n'y a pas de « trous » dans la nature, que toutes les situations ont été réalisées ou se réaliseront, et que tous les êtres possibles doivent exister un jour ou l'autre quelque part dans l'univers. Concrètement, en ce qui concerne les cieux, ce principe de plénitude est ce qui les encourage à penser que l'univers fourmille de corps célestes les plus divers sur lesquels se répartissent tous les êtres possibles.

Pour se convaincre que cette conception doit beaucoup à ce principe et qu'elle n'est pas uniquement tributaire du développement de l'astronomie copernicienne, il suffit de se tourner vers Nicolas de Cues et son célèbre ouvrage, *La Docte Ignorance* (*De docta ignorantia*, 1440). Le Cusain ne peut être copernicien : il est mort trop tôt. Il n'a aucun pressentiment de l'héliocentrisme non plus. Son univers semble aristotélicien. Mais il lui fait subir une telle métamorphose que l'on a parfois du mal à le reconnaître. C'est que Nicolas raisonne sur l'univers comme les théologiens le font à propos de Dieu. Il dit ainsi du premier, comme ils le disaient du second, que son centre est partout et sa circonférence nulle part. Ce qui, implicitement, revient à homogénéiser l'espace et à ne lui attribuer aucune borne. Là-dessus, Nicolas décide de peupler l'univers d'une multitude de corps célestes plus ou moins similaires à la Terre. Ce n'est pas tout. Alors que la vie extraterrestre n'occupait pas une place bien importante dans les spéculations médiévales, Nicolas va la réintroduire en force. Il hiérarchise les êtres vivants et les répartit sur les astres en fonction de leur rang : des êtres solaires sur le Soleil, lunatiques sur la Lune et grossiers sur la Terre. Autant d'idées qu'il formule avant Galilée, avant Brahe, avant Copernic…

Le principe de plénitude est également utilisé avec force par tous ceux qui estiment que la thèse de la pluralité ne va pas assez loin. Un penseur en particulier incarne cette volonté d'aller au-delà de la simple affirmation de l'existence d'autres mondes. C'est Giordano Bruno. Pour ce dominicain défroqué, l'innombrable est trop petit. Il lui faut l'infini. Aussi affirme-t-il qu'il existe une infinité de mondes habités dans un univers infini. Cette doctrine trouve un appui certain dans la nouvelle astronomie. Bruno, en plus de rendre hommage à Lucrèce, ne cesse de louer Copernic. Mais, là encore, sa doctrine est avant tout déduite du principe de plénitude. Bruno part de Dieu, affirme que son essence est infinie et en déduit qu'il n'a pu créer qu'un univers infini. Ce terme est ici à prendre dans son sens plein : en étendue, en nombre et en diversité. Dieu ne s'est pas limité à créer quelques êtres dans un univers infini ; il a forcément créé tous les êtres possibles sans qu'aucune contrainte vienne peser sur sa création. Du coup, il a créé, dans cet univers infini, une infinité de mondes afin d'accueillir le déploiement infini de tous les possibles. Bref, chez Bruno, il n'y a pas, d'un côté, le réel, d'un autre, le possible. Les deux coïncident.

Bien sûr, cette thèse de l'infinité des mondes ne fait pas l'unanimité. Beaucoup la contestent. Mais l'idée que Bruno fut martyrisé pour une telle doctrine est un mythe, forgé aux XVIII^e^ et XIX^e^ siècles. Pour des raisons opportunistes, on a voulu – et on continue de vouloir – en faire un martyr de la science. Il est vrai qu'il fut brûlé vif à Rome en 1600. En l'absence du procès-verbal de son procès, malheureusement perdu, on peut toujours spéculer. Toutefois, il semble plus vraisemblable que l'Église catholique ait avant tout reproché à Bruno sa négation de la divinité du Christ ainsi qu'une prétendue pratique de la magie noire. Il ne faut jamais oublier que Nicolas de Cues, qui défendait lui aussi l'idée d'une prolifération de Terres habitées dans un univers sans bornes, avait été nommé cardinal alors même qu'il avait déjà publié sa *Docte Ignorance*. Certes, c'était plus d'un siècle avant la condamnation de Bruno. Mais rien n'indique que l'Église ait changé de position entre-temps.

En revanche, on trouve sans problème des réticences envers les idées de Bruno du côté de… certains coperniciens. Par exemple, Kepler et Galilée, pour ne citer que les deux plus grands astronomes de la génération venant après celle de Bruno, rejettent tous deux la thèse de l'infinité de l'univers et de la pluralité des mondes (au sens de pluralité de systèmes solaires). Là où ils sont plus ouverts, c'est sur la possible présence d'habitants sur les planètes de notre système solaire. En tout cas, si la pluralité des mondes reste encore un sujet de discussion au XVII^e siècle, aucun penseur ne peut passer à côté de ce débat qui fait intervenir des arguments physiques, philosophiques et théologiques. Il n'est donc pas surprenant de voir se développer une littérature très vivante sur les us et coutumes de la faune extraterrestre.

La fin du XVII^e siècle peut d'ailleurs être vue comme une période de consécration de l'idée de pluralité. Son héraut est Bernard Le Bovier de Fontenelle : il fait sensation en 1686 en publiant ses *Entretiens sur la pluralité des mondes.* S'appuyant sur la cosmologie cartésienne et sur des décennies d'observations, il réussit à produire un livre élégant, au ton badin, où il laisse libre cours à son imagination sur la complexion des Vénusiens, Jupitériens et autres habitants des cieux. Il ne peuple pas uniquement le système solaire. Associant des planètes à chaque étoile, tout le ciel y passe, y inclus les comètes. Pour promouvoir sa vision de l'univers, Fontenelle fait remarquer la ressemblance des planètes et de la Terre, qui est habitée. Il souligne l'impossibilité de concevoir pour quelle autre raison les planètes auraient été créées. Enfin, il évoque la magnificence et la fécondité de la nature. À défaut de reposer sur des arguments vraiment nouveaux, la force du livre tient à son élégance. C'est un des best-sellers de l'époque, traduit en de multiples langues. Avec Fontenelle, la pluralité entre dans tous les salons.

Après le charme des *Entretiens* vient le sérieux de l'ouvrage posthume du physicien et astronome Christiaan Huygens, *La Pluralité des mondes* (*Cosmotheoros*, 1698). On y retrouve des arguments similaires à ceux de Fontenelle, mais analysés plus méthodiquement. Les deux auteurs affichent quand même quelques différences d'opinion : là où Fontenelle se plaisait à imaginer des différences entre les habitants de telle ou telle planète, Huygens souligne leurs similarités avec les Terriens. C'est que, pour Huygens, les planètes doivent être dotées du même type de faune et de flore que sur Terre puisque ce type de vie est la meilleure manifestation de la Providence divine et que Dieu n'aurait pas permis que les autres planètes nous soient inférieures en dignité. Huygens en conclut que les habitants de ces autres planètes doivent probablement être aussi avancés en astronomie que les humains et qu'ils doivent avoir des mains pour se servir d'instruments similaires. Ce sont toutefois moins ces positions en soi qui distinguent Huygens de ses prédécesseurs que le ton mesuré qu'il adopte tout au long de son ouvrage. Pour lui, la pluralité reste une conjecture. Mais une conjecture très crédible. Malgré cette réserve, ou peut-être grâce à elle, le sérieux du livre contribue fortement à rendre très respectable la thèse de la pluralité des mondes habités. Elle sera, tout au long du XVIII^e^ siècle, très bien acceptée.

## Sempiternelles querelles théologiques

Aux XIIIe et XIVe siècles, l'argument de la toute-puissance divine avait servi la cause de la pluralité des mondes. Mais la doctrine chrétienne ne se limite pas à cette caractéristique du divin. Dieu n'y est pas une toute-puissance détachée du monde : il est intervenu dans l'histoire des hommes et il s'est fait chair. L'existence de la vie dans d'autres mondes est-elle compatible avec cette divine incarnation sur une Terre particulière et à une époque donnée ? Cette épineuse question a souvent été laissée dans l'ombre. Par exemple, Nicolas de Cues, qui est l'un des premiers à peupler explicitement le ciel de créatures les plus diverses, ne se demande pas si le pluralisme s'accorde avec ces aspects de la doctrine chrétienne. L'un des premiers à le faire est un théologien du XVe siècle, un certain Guillaume de Vorilong. Si des hommes existent dans d'autres mondes, se demande-t-il, ont-ils péché comme Adam et Ève ? Si oui, est-ce que le Christ, en mourant dans notre monde, a pu les racheter de leur faute ? Vorilong estime que cela est possible. Dieu n'est-il pas tout-puissant ? En revanche, il ajoute qu'il serait difficile d'envisager que le Christ soit allé mourir une nouvelle fois dans un autre monde. Cela ne correspondrait point à sa dignité. Au bout du compte, si Dieu est un et si le Christ est un, n'est-il pas logique de penser que le monde est un ?

Au XVIe siècle, un Philipp Melanchthon, disciple du réformateur Martin Luther, met également en avant des arguments théologiques contre la pluralité. D'abord, un peu comme Vorilong, il affirme qu'il est difficile d'imaginer un Christ aller souffrir sur la croix dans d'autres mondes. Mais, à la différence de son prédécesseur, Melanchthon estime que, sans le sacrifice du Fils de Dieu sur une planète, il n'est pas possible de considérer que ses habitants puissent être destinés à une vie éternelle. Il accuse donc ceux qui acceptent la pluralité des mondes de travestir l'idée d'une Rédemption générale. Ensuite, Melanchthon rappelle que les êtres humains ont un rapport privilégié avec Dieu. Défendre la pluralité des mondes, c'est ouvrir la porte à une compétition possible pour les faveurs du Créateur. De cela Melanchthon ne veut pas entendre parler. Enfin, il souligne que, dans la Bible, il est écrit que Dieu a fini de travailler après avoir créé notre monde. Promouvoir la pluralité des mondes, c'est, par conséquent, aller à l'encontre des Écritures.

Tout au long des siècles suivants, on retrouve régulièrement ce type de critiques de la pluralité sous la plume de certains théologiens. Mais on trouve tout aussi régulièrement, chez d'autres théologiens, des arguments tendant à montrer que les Écritures ne contredisent pas la thèse de la pluralité. Par exemple, certains font remarquer que la Bible n'évoque que des créatures terrestres et non des créatures extraterrestres : celles-ci n'étant pas humaines, elles ne sont pas concernées par la chute d'Adam ni par la Rédemption.

Ce ne sont toutefois pas ces arguties exégétiques qui donnent sa force à la thèse de la pluralité des mondes sur un plan théologique. C'est encore la toute-puissance de

Dieu qui s'en porte garante, à une différence près. Au Moyen Âge, la référence à cette toute-puissance avait uniquement permis de concevoir la pluralité comme une possibilité : Dieu aurait pu créer plusieurs mondes, mais il ne l'a probablement pas fait. Quand le décentrement de l'univers donne du crédit à l'hypothèse d'une multitude de mondes, cette possibilité acquiert le statut de réalité. Admise à la suite d'arguments astronomiques et grâce à l'application du principe de plénitude, elle se met à témoigner de la magnificence du Dieu créateur. Autrement dit, la pluralité est désormais moins déduite de Dieu qu'elle ne sert à prouver Dieu, qui, en retour, lui offre sa garantie. Dans cette approche quelque peu circulaire, douter de la pluralité reviendrait à douter de la puissance de Dieu.

Chercher dans la nature des preuves de l'existence de Dieu relève de ce qu'on appelle la « théologie naturelle ». En ce qui concerne la cosmologie, les exemples de cette démarche sont légion. Prenons John Ray, l'un des plus célèbres naturalistes de la fin du XVIIe siècle. En 1691, il publie *L'Existence et la Sagesse de Dieu manifestées dans les œuvres de la Création* (*The Wisdom of God Manifested in the Works of Creation*). Ray n'est pas convaincu que l'univers soit infini. Mais il ne le considère pas pour autant fini. Il s'en tient à l'idée d'un univers à l'étendue indéfinie. En tout cas, il n'a guère de doute sur la présence de planètes habitées gravitant autour des étoiles lointaines. Avec un espace sans bornes, il se rend à l'évidence qu'il existe un nombre incalculable de créatures ! Est-ce un problème ? Non. Aux yeux de Ray, cet état de l'univers n'est rien d'autre qu'une preuve manifeste de la puissance, de la bienveillance et de la sagesse du Créateur.

Regardons maintenant le révérend Richard Bentley, que l'on connaît de nos jours surtout comme un important correspondant d'Isaac Newton. Il fut l'auteur d'*Une réfutation de l'athéisme à partir de l'origine et de la structure du monde* (*A Confutation of Atheism from the Origin and Frame of the World*, 1692). Dans cet ouvrage, Bentley se demande comment prouver l'existence de Dieu dans l'univers élargi de la fin du XVII$^{e}$ siècle. Il se demande également quelle peut être l'utilité d'innombrables étoiles. Et surtout, quelle peut être l'utilité des planètes qui vraisemblablement orbitent autour d'elles. Bentley trouve difficile d'imaginer qu'elles aient été créées pour les Terriens puisqu'ils ne peuvent même pas les observer. Il est donc probable qu'elles ont été créées pour le compte des êtres intelligents qui y vivent. Du coup, Bentley voit dans cette pluralité de mondes une preuve de la bienveillance et de la sagesse du Créateur. Là encore, les systèmes solaires habités témoignent en faveur de la gloire de Dieu.

Portons enfin notre regard sur le révérend William Derham. En 1715, il publie ce qui va devenir l'un des plus célèbres traités où la gloire de Dieu est déduite de la pluralité des mondes. Le livre s'intitule *Théologie astronomique. Démonstration de l'existence et des attributs de Dieu par l'examen et la description des cieux* (*Astro-Theology, or a Demonstration of the Being and Attributes of God from a Survey of the Heavens*). Comme cela est explicite dans le titre, le livre souligne les traces d'un dessein divin dans le ciel. Dans son argumentation, Derham se fait l'avocat de l'héliocentrisme. Mais il reconnaît que c'est insuffisant et demande que l'on aille au-delà du système de Copernic. Il en vient à considérer que toutes les étoiles sont entourées de planètes, qui plus est habitées. Vient alors l'éternelle question : quel est le but de cette magnificence ? Pourquoi tant de Terres habitées et inobservables ? Comme ses prédécesseurs, Derham affirme que cela témoigne de la puissance et de la sagesse d'un Créateur infini.

On pourrait continuer longtemps à citer des ouvrages de cette trempe. Traité après traité, la pluralité des mondes est présentée comme un argument en faveur de l'existence d'un Dieu tout-puissant. Cela veut-il dire que la religion a trouvé dans la cosmologie pluraliste son plus grand soutien ? Ce serait trop simple. N'oublions pas que la thèse de la pluralité des mondes suscite toujours une tension au sein du christianisme. C'est que la Bible reste un livre encombrant pour certains croyants. Il est relativement facile d'admettre l'existence d'un Dieu tout-puissant, mais que faire du Christ ? Aux XV^e^ et XVI^e^ siècles, un Vorilong et un Melanchthon s'étaient appuyés sur l'apparente incompatibilité entre la thèse de la pluralité et le rôle du Christ pour rejeter la première. À la fin du XVIII^e^ siècle, la thèse de la pluralité est tellement bien implantée dans les esprits que certains en font, au contraire, une arme contre la religion.

L'exemple type en est le pamphlétaire Thomas Paine. En 1793, dans *Le Siècle de la raison* (*The Age of Reason*), il écrit que la croyance en un Dieu créant une pluralité de mondes, au moins aussi nombreux qu'il y a d'étoiles visibles, rend la foi chrétienne absurde. Comment imaginer, écrit-il, que le Créateur de l'univers, ayant des millions de mondes sous sa protection, puisse les délaisser pour venir mourir dans notre monde, et cela uniquement parce qu'un homme et une femme auraient mangé une pomme ? Si on suppose qu'il a existé une pomme et une Ève pour la manger sur chaque monde, cela implique, ironise Paine, que le Fils de Dieu, ou Dieu lui-même, a sauté d'une planète à une autre pour sauver ses créatures. La situation semble loufoque. Selon Paine, il n'est manifestement pas possible qu'un même esprit puisse croire à la fois à la pluralité des mondes et à la doctrine chrétienne. S'il le prétend, c'est qu'il n'a réfléchi à aucune des deux. Convaincu par la thèse de la pluralité, comme l'étaient beaucoup de ses contemporains, il rejette donc le christianisme et cherche même à le ridiculiser. La charge antireligieuse est violente. Est-elle couronnée de succès ? On peut en douter.

À défaut de rejeter la thèse de la pluralité, beaucoup de chrétiens essaient toujours de la concilier avec le récit biblique. L'une des plus influentes tentatives est celle du théologien écossais Thomas Chalmers. En 1817, dans ses *Discours astronomiques* (*Astronomical Discourses*), il reconnaît que la Terre paraît bien insignifiante dans un vaste univers fourmillant de systèmes solaires dans lesquels orbitent des planètes habitées. Pourquoi Dieu l'aurait-il privilégiée ? Au premier abord, cela pourrait sembler énigmatique. Cependant, même sur Terre, rappelle Chalmers, le Créateur prend soin de la moindre créature et du moindre détail de sa Création. Pourquoi n'enverrait-il donc pas le

Sauveur sur une Terre située dans la plus humble de ses provinces, même pour des êtres humains aussi peu méritants ? Quant aux habitants des autres planètes, peut-être n'ont-ils pas besoin d'être sauvés. Ou peut-être que le sacrifice du Christ sur Terre est suffisant pour sauver tous les êtres intelligents de l'univers. De fait, la Rédemption du Christ est efficace sur les millénaires de l'histoire humaine. Pourquoi ne le serait-elle pas sur l'immensité de l'espace ? Certes, nous ne savons pas exactement quel est le plan défini par Dieu, mais rien ne permet, conclut Chalmers, de douter de sa magnificence et de sa grandeur.

Est-ce la fin de la controverse ? Non, bien sûr. Elle repart de plus belle et atteint son apogée au milieu du XIX^e^ siècle avec l'entrée en scène de William Whewell. Minéralogiste, historien des sciences et philosophe, Whewell avait commencé par défendre explicitement l'idée d'une pluralité des mondes, comme cela apparaît dans sa contribution aux *Traités Bridgewater* (*Bridgewater Treatises*), intitulée *L'Astronomie et la Physique, considérées du point de vue de la théologie naturelle* (*Astronomy and General Physics, Considered with Reference to Natural Theology*, 1833). Cette série d'ouvrages avait pour finalité de montrer comment la science contribue à prouver l'existence de Dieu. Pourtant, en 1853, voilà que Whewell publie de façon anonyme un nouveau livre argumentant explicitement contre la pluralité des mondes : *De la pluralité des mondes* (*Of the Plurality of Worlds*). L'ouvrage devient rapidement l'un des plus influents traités antipluralistes du siècle. Pourquoi Whewell a-t-il changé d'opinion ?

Dans le volume des *Traités Bridgewater* dont il est l'auteur, Whewell avait écrit qu'on ne peut résister à la tentation d'imaginer une vie intelligente sur d'autres planètes. Cette vision d'un univers peuplé permet, selon lui, de rehausser notre conception du Créateur. C'est même une idée qui conforte la thèse d'un dessein dans la nature, sinon Dieu aurait fait preuve de gaspillage en créant de si nombreux sites potentiels, mais vides, pour une vie intelligente. De plus, cette thèse de la pluralité ne remet nullement en cause la place spéciale de l'homme dans la Création ni la relation particulière qu'il entretient avec Dieu. Whewell fait notamment remarquer que la découverte, grâce au microscope, de millions de créatures, dont l'existence est forcément prise en charge par Dieu, n'a nullement amoindri la relation privilégiée entre l'homme et Dieu. De la même manière, la possible découverte de nouvelles créatures sur d'autres mondes, elles aussi sous la protection de Dieu, n'a rien d'inquiétant pour l'homme. Dieu garde le pouvoir de maintenir la relation privilégiée qu'il entretient avec les êtres humains. Dans ce sens, la pluralité des mondes ne contredit pas la religion révélée.

Pourtant, en 1853, Whewell remet en cause cette argumentation. Le revirement est net. Maintenant, il prétend non seulement que la thèse de la pluralité est trop spéculative pour être scientifique et qu'il existe de nombreux arguments astronomiques permettant de la rejeter, mais également que la théologie ne souffre pas de sa révocation. Qu'est-ce qui pousse Whewell à changer d'opinion ? L'une des raisons se trouve dans la publication en 1844 des

*Vestiges de l'histoire naturelle de la création* (*Vestiges of the Natural History of Creation*) de Robert Chambers. Dans ce livre, qui connut un grand succès, Chambers suggère que la pluralité des mondes vient conforter la thèse de la transmutation des espèces, qu'il défend par ailleurs avec d'autres arguments ; cela quinze années avant la publication de *L'Origine des espèces* (1859) de Charles Darwin. Chambers trouvait en effet déraisonnable d'imaginer Dieu se promenant d'une planète à une autre pour créer les différentes espèces destinées à les peupler. Il fallait plutôt concevoir un processus évolutif à l'œuvre à travers tout l'univers. Whewell, qui avait admis la possibilité de la pluralité des mondes, se trouve pris au piège. Alors qu'il conteste la transmutation des espèces, il voit Chambers défendre cette thèse en utilisant celle de la pluralité des mondes. Du coup, à l'encontre de ce qu'il a écrit dans son *Traité Bridgewater*, il avance désormais que l'argument du dessein ne viole pas une position anti-pluraliste. Par exemple, l'existence d'une multitude d'astres inhabités n'est plus le signe d'un gaspillage incompatible avec un Dieu bienveillant et tout-puissant. C'est la conséquence inévitable d'un processus de création qui, bien qu'ayant pour finalité la création d'une seule Terre habitée, s'accompagne de la formation d'une foule de planètes inhabitées, un peu comme si ces dernières étaient des morceaux d'argile expulsés de la roue de potier du Grand Artisan. Le dessein divin n'est donc plus à chercher dans les détails de la Création, mais dans les lois de la nature qui révèlent l'harmonie de l'ensemble.

L'ouvrage de Whewell suscite débat sur débat, sans que l'intérêt pour la thèse de la pluralité semble faiblir dans l'opinion. Une des réponses clés de ces débats, et l'une des plus virulentes, vient de David Brewster avec son ouvrage intitulé *Plus d'un monde. Le credo du philosophe et l'espoir du chrétien* (*More Worlds than One. The Creed of the Philosopher and the Hope of the Christian*, 1854). Brewster est un physicien réputé, inventeur, notamment, du kaléidoscope, éditeur de journaux scientifiques et biographe de Newton. C'est en bon connaisseur de la science de son temps mais également en tant que chrétien qu'il s'en prend à Whewell. C'est dire que le débat sur la pluralité est toujours loin d'opposer les agnostiques, déistes ou athées, comme Paine, aux croyants comme Whewell. C'est un débat qui, encore une fois, traverse le christianisme lui-même.

Brewster est un pluraliste enthousiaste. Il peuple tout, même le Soleil. Qui plus est, il estime que les astres sont également la demeure des âmes des défunts. À côté des arguments sur la constitution des planètes et de leur atmosphère, qu'il oppose à Whewell pour défendre ces idées, il laisse immanquablement poindre ses conceptions théologiques. Évangéliste, il voit l'être humain comme complètement dépendant de Dieu. C'est pourquoi il se sent attiré vers cette conception pluraliste qui tend à rendre insignifiante la Terre, astre perdu dans l'immensité d'un ciel complètement peuplé. Voulant rabaisser le genre humain, il se plaît même à subodorer que, sur un plan intellectuel, Newton n'arrive pas à la cheville des Jupitériens. Ce qui ne l'empêche pas de considérer que la Terre a ceci de particulier que Dieu est venu y souffrir sur la croix. Cela ne pose pas de problème conceptuel. Brewster tente de montrer que l'Incarnation du Christ sur notre modeste Terre est suffisante pour sauver les extraterrestres, et cela sans qu'il ait besoin de « sauter » d'une planète à une autre. Est-ce suffisant pour résoudre les tensions provoquées par la thèse de la pluralité ? Brewster le croit, d'autant qu'il a réussi à exhiber des passages de la Bible qui, selon lui, ne s'expliquent pas en dehors de la thèse de la pluralité. Mais ses contemporains restent partagés.

Cette tension permanente explique que certains croyants aient ressenti le besoin de réinterpréter radicalement la religion chrétienne de manière à la mettre sans ambiguïté en harmonie avec la pluralité. Une tentative de dépassement de la révélation christique allant dans ce sens remonte d'ailleurs au XVIII^e siècle. Elle est due à Emanuel Swedenborg, savant et prophète. Son œuvre scientifique, sans être insignifiante, n'aurait probablement pas laissé de grandes traces dans l'histoire des idées si son auteur n'avait eu une révélation. À partir de 1743 (il est alors âgé d'une cinquantaine d'années), Swedenborg a en effet d'étranges visions. Le Seigneur lui apparaît en personne et lui permet de converser avec des esprits et des anges qui lui font comprendre qu'il est temps d'adapter le christianisme à la pluralité des mondes. De fait, ces anges et ces esprits sont issus d'êtres humains habitant sur toutes les planètes que l'univers contient. S'ils sont semblables aux Terriens, au-delà de quelques petites différences locales (tailles, couleurs, etc.), notre Terre a toutefois quelque chose de particulier. C'est sur elle, et pas sur une autre, que le Seigneur a voulu naître sous forme humaine. Reste à communiquer cette Incarnation divine au reste de l'univers. Cela ne semble pas trop difficile grâce aux esprits et aux anges. À eux ensuite de transmettre l'information aux habitants de leurs planètes.

Avec Swedenborg, le christianisme devient une véritable religion cosmique. Il a d'ailleurs des disciples qui fondent l'Église de la Nouvelle Jérusalem. Celle-ci a toujours des fidèles en ce début de XXIe siècle. Une des difficultés qu'ils rencontrent est de justifier, à l'heure de la conquête spatiale, la thèse de Swedenborg que *toutes* les planètes contiennent des êtres vivants ! Pourquoi ne les voit-on pas sur Mars ? Mystère ! Mais sa force d'attraction est d'offrir une conception renouvelée du christianisme qui intègre pleinement la thèse de la pluralité des mondes. Il y a, bien sûr, cette histoire d'esprits et d'anges communiquant de planète à planète qui peut paraître étrange de nos jours. Au XIXe siècle, ce n'était pas le cas : de nombreux penseurs, à l'instar de Brewster, voyaient dans les étoiles et leurs planètes des lieux de transmigration des âmes. L'idée de fonder une nouvelle religion, qui viendrait dépasser l'Ancien et le Nouveau Testament et qui intègre la thèse de la pluralité des mondes, ne fut pas non plus une tentative unique. De fait, la pluralité est devenue un des piliers d'au moins une autre religion apparue au XIXe siècle : celle des mormons. Alors ? Qui oserait encore dire que la thèse de la pluralité des mondes est incompatible avec la religion ?

## Mutation fin de siècle

La seconde moitié du XIXe siècle marque un tournant dans les débats sur la pluralité des mondes. Cette mutation a au moins deux causes. D'abord, en 1858, Charles Darwin et Alfred Russel Wallace – qui, soit dit en passant, était un adversaire de la pluralité des mondes – affirment dans une publication conjointe qu'un processus de sélection naturelle expliquerait la transformation des espèces vivantes. L'année suivante, Darwin publie son *Origine des espèces* qui popularise ce mécanisme de l'évolution. L'idée d'évolution du vivant en elle-même n'est pas nouvelle à l'époque. Cela fait des décennies, pour ne pas dire des siècles, que des savants imaginent une transformation des formes vivantes au cours du temps pour expliquer leur histoire (nous l'avons vu avec Chambers, par exemple, que Darwin connaissait). Mais l'ouvrage de Darwin contribue fortement à faire accepter cette idée d'évolution dans le monde savant et au-delà. À la fin du XIXe siècle, presque tous les chercheurs y croient, même s'ils sont peu nombreux à estimer que la sélection naturelle est le mécanisme fondamental de l'évolution. Quoi qu'il en soit de ces discussions entre savants évolutionnistes, l'implantation de cette idée est suffisamment forte pour que les débats sur la pluralité des mondes s'accompagnent désormais de discussions sur l'évolution de la vie dans des conditions autres que celles régnant sur Terre.

L'autre grand facteur de transformation des débats sur la pluralité des mondes est à chercher du côté du développement de la spectroscopie dans les années 1860. Cette technique permet de déterminer la constitution chimique des planètes et des étoiles en analysant la lumière qu'elles émettent ou réfléchissent. Depuis l'abandon de la physique aristotélicienne, les savants avaient coutume d'imaginer que la matière était la même partout dans l'univers. Avec la spectroscopie, l'hypothèse trouve une base observationnelle. Cette innovation a pour effet de focaliser les débats concernant la pluralité des mondes sur les planètes de notre système solaire. Il faut attendre la seconde moitié, et surtout la fin du XX^e^ siècle quand des planètes orbitant autour d'étoiles lointaines sont enfin observées, pour que la possible présence d'une vie dans d'autres systèmes solaires suscite de nouveau un fort intérêt. Cette nouvelle aventure du savoir a beau ne plus avoir de justification théologique explicite, cette dimension n'est pas toujours absente. À l'ère de la conquête spatiale, des croyants continuent en effet de réfléchir à l'adaptation de leur credo à l'éventuelle découverte de nouveaux mondes. Pour les chrétiens, le rôle du Christ dans un univers peuplé d'extraterrestres n'est toujours pas une question résolue, mais elle n'est plus source de véritables tensions.

Cette mutation des débats sur la pluralité des mondes dans la seconde moitié du XIX^e^ siècle ne s'arrête pas là. On a vu qu'Auguste Blanqui, s'appuyant sur le développement de la spectroscopie, était arrivé à la conclusion que, sur une infinité d'autres planètes, une infinité d'autres lui-même étaient en train d'écrire « sur une table, avec une plume, sous des habits, dans des circonstances toutes semblables » à celles dans lesquelles il se trouvait. Jamais, à notre connaissance, un penseur avant lui n'avait imaginé aussi explicitement une telle répétition des configurations terrestres à travers l'espace. À la fin du XIXe siècle, d'autres suivront ses traces. Ils imagineront des univers au sein desquels l'histoire de la Terre se répète plus ou moins fidèlement une infinité de fois. Ces spéculations trouvent leur origine, une fois de plus, dans des débats théologiques. Ou, plutôt, c'est pour contrecarrer une interprétation théologique de la cosmologie que l'univers est démultiplié.

Dans la seconde moitié du XIXe siècle – et pas uniquement à partir du XXe siècle comme on le lit trop souvent (voir chapitre 2) –, l'idée que notre univers a un commencement agite la communauté scientifique. Pour beaucoup de matérialistes et d'agnostiques, cette origine de l'univers sent trop la théologie. Un début de l'univers n'implique-t-il pas un Créateur ? Par refus d'une telle conclusion, ils en viennent à imaginer soit que la supposée naissance de notre univers n'est qu'un phénomène transitoire destiné à se répéter (comme dans l'éternel retour des Anciens), soit qu'elle est un épiphénomène dans un univers plus vaste qui, lui, est éternel. C'est ainsi que ces incrédules en matière religieuse peuvent postuler l'existence d'univers parallèles ou multiples (compris dans un sens temporel ou spatial). L'argumentation des théologiens des XIIIe et XIVe siècles marche désormais sur la tête. L'existence d'un Dieu tout-puissant les avait conduits à postuler la possible existence d'autres mondes. Voilà maintenant que le postulat de l'existence d'autres mondes permet de se passer de Dieu !

CHAPITRE 2

# L'invention du big bang

Ouvrez un livre de vulgarisation scientifique sur la cosmologie. Qu'allez-vous y lire ? À coup sûr, que l'une des grandes découvertes du XXe siècle est que l'univers a une histoire. Comment en a-t-on pris conscience ? Grâce à la théorie du big bang, qui va être présentée dans le livre en question. Que pensaient les chercheurs avant l'émergence de cette théorie ? Que l'univers est éternel et immuable. Si vous avez de la chance, vous pourrez même y lire qu'au début du XXe siècle le dogme persistant d'un univers éternel empêcha nombre de chercheurs d'apprécier la pertinence de la théorie du big bang. Ce leitmotiv inlassablement répété est malheureusement simpliste. Un rapide détour par l'histoire des sciences le montre aisément. Comment, en effet, ne pas se rendre compte que la thèse de l'historicité de l'univers est vieille comme… le monde ? Laissons de côté les mythes et légendes de création pour nous tourner vers les Temps modernes, ceux postérieurs aux Copernic, Galilée et Newton. Qu'y découvre-t-on ? On remarque que, pour la plupart des savants du XVIIe siècle, le monde ou l'univers – la différence n'est pas souvent explicitée à l'époque – subit un lent mais inéluctable processus de dégradation ou de corruption. La création divine avait été parfaite (la Terre n'était-elle pas le lieu du paradis ?), mais elle s'est détériorée depuis, jusqu'à sa forme actuelle. Cette dégradation en cours validait l'idée d'un monde ayant un âge fini. Si le monde avait été éternel, la dégradation continue aurait, par exemple, entraîné une érosion complète des montagnes et des côtes. La surface du globe serait actuellement entièrement lisse. Comme ce n'était pas le cas, les savants de l'époque en concluaient que le monde ou l'univers n'était ni éternel ni immuable.

Cette idée d'une dégradation ou corruption généralisées perdit beaucoup de ses adeptes à la fin du XVII$^{e}$ siècle et surtout au XVIII$^{e}$ siècle. À la grande époque de la théologie naturelle, le monde devait témoigner de la grandeur divine. Pourquoi Dieu aurait-il créé un monde se dégradant perpétuellement ? Alors que l'irrégularité de la croûte terrestre avait été précédemment interprétée comme un signe d'une érosion incomplète, elle se mit désormais à témoigner de la magnificence de la création divine. Les savants voyaient dans cette diversité de structures une beauté qui ne pouvait trouver son origine que dans un acte de création divine. La disparition de l'idée de corruption n'incita donc pas ces savants à considérer l'univers comme éternel. Il était toujours créé par Dieu à un moment précis. Ce thème d'une origine temporelle trouvait d'ailleurs des justifications physiques. Isaac Newton avait établi la loi universelle de la gravitation qui rendait compte du mouvement des planètes mais, dans son système, celles-ci devaient finir par s'écraser sur le Soleil, ou auraient déjà dû le faire si le passé avait été infini. C'est pour éviter cette conflagration que Newton fit place à des miracles continus au sein de sa cosmologie. Au XVIII^e siècle, une autre façon d'interpréter cette situation consista tout simplement à y voir une preuve de la création du monde : c'est parce qu'il avait un passé fini que le monde n'avait pas encore eu le temps de s'effondrer. La physique de Newton venait ainsi renforcer l'idée d'une création du monde.

Au XIX^e siècle, on retrouve également l'idée d'une création de l'univers et de sa structuration progressive au cours du temps. Il faut ici citer le poète Edgar Allan Poe. Il fut l'un des premiers auteurs modernes à concevoir une histoire de l'univers faisant immanquablement penser à celle décrite par la théorie du big bang. Dans son poème en prose *Eureka* (1848), il conçoit ainsi que l'univers est né d'une explosion de matière à la suite de laquelle cette dernière, initialement condensée en une seule particule, se répand sous l'action d'une force de répulsion cosmique. De cette explosion, décrite comme un éclair instantané, découlent la constitution et l'histoire entière de l'univers. La force de gravitation ne faisant, selon Poe, qu'exprimer la tendance de la matière à revenir à son état primordial d'unité, il imagine que, sous son action, cette matière finit en différents points de l'espace par s'effondrer sur elle-même et par donner naissance aux étoiles, aux planètes, à la Terre, et enfin à la vie. Il ne faut pas s'y méprendre : Poe a beau être un poète, son modèle cosmologique n'est pas uniquement le fruit de son imagination débridée. Partant d'un principe métaphysique, dit de l'Unité originelle de la matière, son univers est compatible avec les idées astronomiques de son époque et la physique newtonienne sur laquelle il s'appuie. Il ne prend pas non plus sa cosmologie pour un simple jeu de l'esprit : il y croit dur comme fer. Il estime être celui qui révèle les secrets du cosmos à ses contemporains. Poète il est ; prophète il se voit.

Si, contrairement à ses vœux, Poe n'a pas fait d'émules – en cosmologie, s'entend –, l'idée d'une historicité de l'univers n'a pas pour autant disparu au XIX<sup>e</sup> siècle, pour seulement réapparaître comme par magie au XX<sup>e</sup> siècle avec la théorie du big bang. À partir des années 1850, elle prend une nouvelle tournure au sein de débats issus de la thermodynamique, c'est-à-dire la physique et la chimie étudiant les processus où interviennent des échanges thermiques. La thermodynamique était la discipline par excellence où l'on étudiait les phénomènes irréversibles, ceux marqués de façon indélébile par le passage du temps. Immanquablement, elle fut appliquée à l'univers. Elle le transforma en une entité historique. Elle en étudia l'évolution. Elle conçut même sa naissance… et sa mort. Certes, cette historicité de l'univers n'allait pas toujours de soi. Certains trouvaient l'idée d'un univers immuable plus cohérente. Ce désaccord donna lieu à des débats, dont l'existence suffit à illustrer, une fois de plus, à quel point est simpliste la thèse qui veut que, avant le véritable avènement de la théorie du big bang au XX<sup>e</sup> siècle, l'idée d'un univers immuable dominait sans partage les esprits. Ces débats sont également fondamentaux en ce qui nous concerne : ils furent l'aiguillon de nouvelles cosmologies pluralistes. Place donc à la thermodynamique[1].

## Thermodynamique et éternel retour

En ce qui concerne l'histoire de la physique, la fin du XIX^e^ siècle est souvent dépeinte comme une période assez terne. Il n'y aurait rien de vraiment excitant à raconter à propos des physiciens de l'époque, occupés qu'ils étaient à sagement peaufiner la vision déterministe et mécanique du monde héritée de Newton. Il est vrai qu'à la fin du siècle le chimiste Marcellin Berthelot affirme que le monde est désormais sans mystères ; le physicien Albert Michelson n'hésite pas non plus à prétendre que les grands principes de la physique sont fermement établis ; quant au physicien William Thomson, alias lord Kelvin, il soutient qu'il n'y a

1. De nos jours, il est courant d'entendre dire que la cosmologie, en tant que discipline scientifique, ne naît qu'au XX^e^ siècle à la suite de la mise sur pied de la relativité générale par Albert Einstein. Certains prennent même 1917, qui est la date du premier modèle cosmologique proposé par Einstein (cf. ci-dessous), comme l'année de naissance de la cosmologie scientifique. Cette thèse me laisse dubitatif. Que la relativité générale ait permis une approche plus cohérente du cosmos sur le plan de la physique est une affirmation difficilement contestable. Que toutes les approches qui l'ont précédée ne soient pas scientifiques parce que moins cohérentes est, en revanche, une affirmation étonnante. Comme si la scientificité d'une approche pouvait être remise en cause parce qu'une approche plus cohérente est venue la remplacer !

plus rien à découvrir en physique et qu'il ne reste plus qu'à affiner les mesures. Preuves s'il en est de contentement. Ces témoignages semblent suffisants pour qu'une idée reçue s'installe : désormais, la fin du XIXe siècle est une période fade en termes de spéculations sur la nature du monde physique, et tous les physiciens de l'époque ont été complètement surpris par les bouleversements qui allaient apparaître au début du suivant (l'introduction du quantum d'action par Max Planck et la découverte de la relativité par Albert Einstein). L'histoire racontée de cette manière est certes captivante puisqu'elle fait intervenir une sorte de coup de théâtre séparant le morne et triste XIXe siècle du riche et passionnant XXe siècle. Mais, là encore, elle résiste mal à une analyse quelque peu scrupuleuse. Notamment, il faut abandonner l'idée que, à la fin du XIXe siècle, règne sans partage une vision mécaniste du monde. Qu'il nous suffise de citer l'« énergétisme ». Cette théorie, défendue par des savants comme Ernst Mach ou Wilhelm Ostwald, fait de l'énergie le concept fondamental à partir duquel tous les autres doivent être dérivés. Cela revenait à considérer la matière comme un épiphénomène. En tant que telle, cette théorie peut être vue comme une contestation du matérialisme, c'est-à-dire de la doctrine qui donne une priorité ontologique à la matière. Or cette théorie séduisait beaucoup de savants à l'époque, et les débats avec leurs adversaires étaient animés. Au XIXe siècle, le monde ne se réduit donc pas à un ensemble de particules en mouvement soumises à des forces centrales sur le modèle de la gravitation newtonienne.

Certaines critiques de cette vision du monde s'appuyaient sur le deuxième principe de la thermodynamique. Le premier, défini sous sa forme mathématique dans les années 1840, stipule que l'énergie se conserve au cours du temps, c'est-à-dire qu'elle peut changer de forme et passer d'un système à un autre, mais qu'elle ne peut être ni créée ni détruite. Ce premier principe de la thermodynamique est, en quelque sorte, une formulation rigoureuse du vieux dicton selon lequel rien ne se crée et rien ne se perd. Il est issu de considérations physiques, mais va paradoxalement servir tout à la fois d'argument en faveur d'une création divine de l'univers et de justification à une vision matérialiste du monde. Si rien ne se crée physiquement, l'univers doit trouver son origine dans quelque chose qui transcende les lois physiques, disent certains. Dieu, en somme. Inversement, si rien ne se crée, il est vraisemblable, avancent d'autres, que l'univers est éternel et qu'il n'y a donc pas de place pour un être divin dans la cosmologie. Ainsi vont les débats métaphysico-théologiques !

Ce type de querelle ne prit toutefois de l'ampleur qu'avec le deuxième principe de la thermodynamique. Celui-ci stipule que l'entropie d'un système isolé – c'est-à-dire son degré de désordre – ne peut qu'augmenter au cours du temps. C'est ce principe qui rend compte du fait que, une fois versé, le lait se mélange inexorablement avec le café. Du coup, tout système isolé finit par atteindre un état d'équilibre (il n'y a plus d'échange thermique ou autre entre ses différentes parties). Bien qu'on puisse en trouver des ébauches dès les années 1820, ce n'est qu'au tout début des années

1850 que ce principe a véritablement été formulé par les physiciens Rudolf Clausius et William Thomson.

À l'époque, on ne savait pas – d'ailleurs, on ne sait toujours pas ! – si ce deuxième principe s'applique à l'univers pris comme la totalité de ce qui existe. En toute rigueur, il ne concerne que les systèmes isolés. La question est de savoir si l'univers peut être considéré comme un système isolé ou non. Cette incertitude n'empêcha pas l'apparition de spéculations sur le destin de l'univers. Par exemple, dès 1854, le physicien Hermann von Helmholtz avance que ce principe prédit une « mort thermique » de l'univers dans un lointain futur, au sens où tout échange thermique doit s'arrêter, où tout processus naturel doit cesser et où tout est condamné à un éternel repos. Au cours des années 1860, Clausius le rejoint dans cette prédiction. Quant à Thomson, il tire la même conclusion, mais il ajoute que la dynamique de l'univers peut être restaurée par une intervention divine. Ces prises de position de la part de physiciens prestigieux assureront une bonne publicité à ce thème de la mort thermique de l'univers qui réapparaîtra régulièrement dans l'imaginaire du grand public à partir de la fin des années 1860 et cela jusqu'à la fin du XIX^e^ siècle.

La mort thermique n'était pas la seule préoccupation issue de ce deuxième principe de la thermodynamique. Dès les années 1860, ce principe incite à penser que l'univers n'a pu exister pendant une période infinie, sinon il aurait déjà dû atteindre son état de mort thermique. De fait, si l'entropie de l'univers s'accroît continûment, elle a dû connaître un moment où elle était à son minimum. Or cet état ne peut correspondre qu'à un début de l'univers. Ainsi, le deuxième principe de la thermodynamique conduit non seulement à l'idée que l'univers a une fin, mais également à celle qu'il a un commencement. Il joue en quelque sorte le rôle qu'avait joué la vieille idée de corruption. À la différence que, maintenant, cette idée d'un univers d'âge fini émerge d'un principe physique bien défini, ce qui lui donne une crédibilité supplémentaire. Certains croyants surent en tirer profit. En identifiant le commencement de l'univers à une création, ils avancèrent que le deuxième principe de la thermodynamique indiquait que l'univers n'avait pu être créé que par une cause intelligente, identifiée à Dieu. Cette interprétation théologique du deuxième principe n'était pas reprise par tous les savants abordant cette question d'un commencement de l'univers. Cependant, pour certains chrétiens, la tentation était trop forte. Ils mirent la thermodynamique au service de la théologie. Ce n'était pas l'œuvre de seconds couteaux : des savants comme Thomson et James Clerk Maxwell, une autre grande figure de la physique de l'époque, évoquaient la possibilité de démontrer l'existence d'un Dieu créateur à partir du deuxième principe de la thermodynamique.

Cette interprétation théologique de la thermodynamique ouvrit même la voie à l'une des premières formes d'univers parallèles de l'histoire moderne. En 1875, deux physiciens écossais, et pas des moindres, Balfour Stewart et Peter Tait, publient un ouvrage intitulé *L'Univers invisible* (*The Unseen Universe*). Pour eux, le deuxième principe de la thermodynamique implique d'abord que l'univers a un commencement. Jusque-là, rien de surprenant pour l'époque. Mais ils font remarquer qu'un commencement de l'univers pourrait signifier une rupture de continuité dans les lois naturelles. Il y aurait comme un événement – le début de l'univers – sans cause. En outre, le premier principe de la thermodynamique stipule que l'énergie se conserve. Que se passe-t-il donc au début de l'univers ? D'où vient l'énergie ? Pour résoudre cette énigme, Stewart et Tait avancent qu'il faut postuler l'existence d'un univers invisible parallèle à l'univers visible. La création de l'univers visible correspondrait ainsi à un transfert d'énergie de l'univers invisible vers l'univers visible. Comme cela, il n'y a pas de rupture de continuité dans les lois naturelles.

Stewart et Tait ne s'arrêtent pas en si bon chemin. Les deux physiciens n'hésitent pas, eux non plus, à faire de la thermodynamique un instrument apologétique dans la lutte contre le matérialisme et l'athéisme scientifiques. C'est que, selon eux, dans cet univers invisible réside une cause intelligente – qu'ils identifient à Dieu – responsable des transferts d'énergie. Du coup, les manifestations de la providence divine s'expliquent par ces transferts d'énergie du domaine invisible au domaine visible de l'univers. Même les miracles se trouvent expliqués : ils reflètent une manifestation de l'invisible dans le visible, un peu comme le fut la création de l'univers visible elle-même. Stewart et Tait estiment ainsi avoir montré que la science et la religion sont en harmonie. L'ouvrage rencontre un grand succès. En 1888, il en est à sa quatorzième édition. Il ne fait pas pour autant l'unanimité.

De nombreux physiciens, philosophes et essayistes, venant d'horizons les plus divers, refusent l'interprétation théologique de la thermodynamique. Il leur faut donc en déconstruire la logique apparente. Si l'idée d'un début de l'univers fait trop penser à une création divine, il ne faut plus que la thermodynamique permette d'inférer ce commencement. Les contempteurs de la théologie disposent alors de deux stratégies. Soit ils remettent en cause le deuxième principe de la thermodynamique en tant que tel ; soit ils avancent qu'il ne peut pas s'appliquer à l'univers dans sa totalité. La seconde stratégie est facile à mettre en œuvre. Pour beaucoup de penseurs matérialistes, comme cela l'avait été pour les atomistes de l'Antiquité, considérer que l'univers est spatialement et matériellement infini est presque un acte de foi. Cette caractéristique paraît suffisante pour rendre illégitime toute application du principe de l'entropie à l'univers : il suffit de dire qu'un espace infini ne peut pas représenter un système isolé. Bref, le deuxième principe de la thermodynamique est peut-être valable, mais il ne s'applique pas à l'univers. La première stratégie est plus délicate, puisqu'elle revient à contester un principe physique et pas seulement son domaine d'application. Il n'empêche que, dans cette seconde moitié du XIXe siècle, on voit tout un ensemble de scientifiques et de penseurs décréter que le seul vrai principe de la thermodynamique est le premier. Ils postulent alors que l'univers est éternel afin de respecter la conservation de l'énergie au cours du temps.

Ce refus du scénario de la mort thermique et d'un commencement de l'univers doit toutefois s'accommoder de l'évidence d'une inexorable transformation du monde. Aussi les penseurs matérialistes sont-ils conduits à imaginer que, d'une manière ou d'une autre, l'univers doit se régénérer. L'augmentation de l'entropie n'est finalement qu'un phénomène local et transitoire. Globalement, l'univers est un *perpetuum mobile*. Un monde disparaît ; un autre apparaît. Un monde apparaît ; un autre disparaît. Et ainsi de suite. De la même façon que, dans le grand cycle de la vie, des animaux et des plantes naissent quand d'autres meurent, des astres, des planètes et la vie apparaissent et disparaissent en permanence. Cela est une conséquence de la conservation de l'énergie et de l'éternité du temps. C'est ainsi que, au milieu du XIXe siècle, jouant le premier principe de la thermodynamique contre le deuxième, des matérialistes, tel le socialiste Friedrich Engels, voient l'univers comme une sorte de Phénix destiné à renaître de ses cendres. Certains ont même une foi quasi religieuse dans l'éternité de la vie. Il n'est malheureusement pas toujours facile de savoir si, chez les adeptes de cette conception, la régénération conduit à la reproduction de configurations identiques, ni si c'est l'univers dans sa globalité qui se régénère ou si la régénération n'est qu'un processus local concernant, par exemple, les amas stellaires. Il n'empêche que derrière toutes ces spéculations pointe la vieille idée d'un éternel retour.

L'idée d'un univers cyclique est aussi vieille que celle d'un univers créé. Les deux remontent… à la nuit des temps. De nombreuses mythologies font ainsi référence à un cataclysme global du cosmos, des cendres duquel un nouveau cosmos serait né. Parfois, comme dans la mythologie hindoue, ce processus est sans fin, avec une alternance perpétuelle de phases créatrices et de phases destructrices. Ce schéma se trouve également dans l'Antiquité grecque, notamment chez des présocratiques comme Anaximandre et Empédocle (au VIe et au Ve siècle av. J.-C., respectivement). Cette cosmologie grecque n'est pas un simple jeu de l'imagination : elle est le résultat de réflexions qui, rétrospectivement, font étrangement penser à celles qui accompagnent le développement de la thermodynamique au XIXe siècle. Par exemple, Anaximandre considère que le monde tend vers un état d'indifférenciation et d'immobilité. Mais il considère également que le monde ne saurait périr ; s'il le devait, il l'aurait déjà fait. Le monde tel que nous le voyons est donc la répétition d'innombrables mondes identiques qui se sont succédé dans le passé et qui se répéteront indéfiniment dans le futur. Pour Anaximandre, c'est vraiment une répétition à l'identique. Deux mondes successifs ne sauraient différer d'une particule de matière si petite soit-elle, ni du moindre mouvement. Chaque homme est ainsi conduit à revivre indéfiniment chaque moment de sa vie, des plus insignifiants aux plus glorieux.

Plus tard, les stoïciens défendent également la thèse d'un univers cyclique, mais cette fois-ci associée à un processus thermique. Là aussi, c'est une pensée qui se veut rationnelle, éminemment rationnelle. Au IIIe siècle av. J.-C., le philosophe Zénon de Citium fait remarquer que les observations géologiques indiquent que le sol se nivelle constamment ; si le monde avait un passé infini, la Terre devrait donc être plate, conclut-il. C'est pourquoi il avance l'idée d'une conflagration finale de toutes les choses dans le feu à partir duquel le monde renaîtrait de ses cendres. Chaque nouveau monde est-il identique au précédent ? La question fait débat chez les stoïciens. En tout cas, toujours au IIIe siècle av. J.-C., le philosophe Chrysippe suggère qu'après chaque conflagration du cosmos tout revient à l'identique, exactement comme cela était auparavant. C'est cette conception d'un retour du Même qui se retrouve parfois sous la plume des matérialistes à la fin du XIXe siècle. La personne que la postérité associera à l'idée d'éternel retour est toutefois Friedrich Nietzsche.

Comme c'était le cas dans l'Antiquité, l'idée d'éternel retour qui refait surface à la fin du XIXe siècle n'est pas détachée de considérations morales. Si elle attire les penseurs et les physiciens matérialistes, c'est bien parce qu'ils ne veulent pas entendre parler d'une création de l'univers et d'un sens de l'existence. Mais c'est Nietzsche vraisemblablement qui va le plus loin dans la « moralisation » de la cosmologie. Les exégètes de son œuvre ont souvent écrit que l'éternel retour nietzschéen ne correspond pas à une théorie cosmologique. Ce serait une fiction qui devrait servir à définir notre attitude face à la vie : Nietzsche aurait ainsi considéré que tout homme se devait d'assumer ses actes comme s'ils allaient se répéter à l'infini. L'éternel retour nietzschéen aurait en quelque sorte été un « comme si ». La critique génétique, c'est-à-dire la critique qui s'attache à reconstruire minutieusement l'élaboration des œuvres – à travers les brouillons d'un auteur, ses notes, ce qu'il a lu, etc. –, a toutefois montré récemment que Nietzsche s'intéressait beaucoup aux théories cosmologiques relatives à l'éternel retour qu'il découvre en 1881. Mieux : Nietzsche devient un adepte convaincu de l'éternel retour, dans son sens cosmologique.

Ce n'est pas pour autant que Nietzsche adopte la vision nihiliste qui accompagne souvent l'éternel retour. Il ne fait pas de l'éternel retour un instrument au service d'une dévalorisation de l'existence suivant l'idée que nos décisions n'ont pas de sens si elles se répètent à l'infini depuis l'éternité et pour l'éternité. Nietzsche s'en sert comme un moyen de réaffirmer la valeur de l'existence, de toute forme d'existence. Avec lui, toute vie, tout événement, tout instant a valeur d'éternité. Même ce qui est transitoire, même ce qui est éphémère, est destiné à réapparaître une infinité de fois. Tout revient à l'existence, un peu comme le ressac récurrent de la mer revient toujours frapper la grève. C'est ainsi que la doctrine de l'éternel retour est pour Nietzsche un antidote à l'idée que toute chose humaine manque de valeur. Dans *Ainsi parlait Zarathoustra* (1885), il évoque d'ailleurs un berger dans la bouche duquel s'est glissé le nihilisme et qui doit trouver la force de le cracher loin de lui. Cette force, c'est l'éternel retour.

La doctrine nietzschéenne de l'éternel retour est également une alternative radicale à la temporalité linéaire de la tradition chrétienne : dans le cosmos de l'éternel retour, il n'y a plus de place pour la Création, la Providence ou la Rédemption. Chaque instant passe, mais il est destiné à revenir, identique, pour notre plus grand bonheur ou notre plus grand malheur. Qui pourrait désirer revivre à nouveau la même existence ? La réponse de Nietzsche est connue.

Il attend un homme qui puisse dire à *chaque* instant : « Passe et reviens identique, pour toute l'éternité. » Cet homme est le surhomme, celui qui peut dire « oui » à l'éternel retour du Même.

## Physique statistique et mondes multiples

Le retour éternel, pris dans un sens cosmologique, est bien une doctrine des univers parallèles ou multiples : au cours du temps, il y a tout simplement un même univers qui se répète indéfiniment. C'est donc un parallélisme d'ordre temporel ou, pour le dire autrement, une multiplicité qui se réalise dans le temps. On retrouvera une idée proche dans la cosmologie du XX^e^ siècle avec le concept d'univers cyclique. Cela dit, au XIX^e^ siècle, l'idée d'univers parallèles dans le sens spatial du terme apparaît également. Là encore, la thermodynamique joua un rôle important dans ces spéculations. Plus exactement, ce sont les débats sur la compatibilité entre la thermodynamique et la mécanique qui furent la source de cette idée d'univers spatialement parallèles ou, si l'on veut, multiples.

À un niveau très prosaïque, le deuxième principe de la thermodynamique soulève un épineux problème auquel doivent faire face les physiciens : il entre en contradiction avec les lois de la mécanique, paradigme même de la science mathématisée. Ces lois de la mécanique sont en effet réversibles par rapport au temps, c'est-à-dire que l'inversion du sens du temps ne change pas les équations. On dit qu'elles sont invariantes, ou réversibles, par rapport à la direction du temps. Cette invariance est facile à saisir avec le mouvement d'un pendule : si l'on inverse l'ordre des événements, rien ne change dans la description du phénomène. Mais le deuxième principe de la thermodynamique, quant à lui, souligne une direction temporelle. Ses équations sont irréversibles. On va toujours du passé vers le futur. Le lait, une fois mélangé au café, ne s'en sépare plus. Comment concilier ces deux théories physiques ? L'une doit-elle l'emporter sur l'autre ? À la fin du XIX^e siècle, les deux options ont leurs partisans. En général, la ligne de partage s'effectue autour de la notion d'atome. Ceux qui croient que la matière est constituée de particules insécables privilégient une interprétation mécaniste du monde. Ceux qui se méfient du caractère spéculatif des atomes et préfèrent fonder la physique sur le concept d'énergie – c'est-à-dire les partisans de l'énergétisme – privilégient l'interprétation thermodynamique.

Dans les années 1870, le physicien Ludwig Boltzmann apporte une contribution décisive à ce débat. Contre l'énergétisme, il développe une thermodynamique statistique où, d'une part, l'entropie reflète le niveau de désordre moléculaire et, d'autre part, l'augmentation de l'entropie est interprétée en termes probabilistes. Précisément, il montre qu'un système évolue spontanément vers des états de plus en plus probables pour finir dans un état de probabilité maximale. Par exemple, il est beaucoup plus probable que les molécules d'un gaz soient réparties de façon homogène dans une boîte que toutes concentrées dans un coin. Si elles se trouvent dans cette dernière configuration au départ, elles tendront spontanément à se répartir dans la boîte, jusqu'à atteindre une distribution spatiale homogène. Grâce à ces travaux, Boltzmann peut interpréter en termes mécanistes l'évolution des systèmes fermés. Il prétend réduire la thermodynamique à la mécanique. Mais la messe n'est pas dite. Le résultat est contesté. Comment un principe, stipulant le caractère foncièrement irréversible de certains processus, pourrait-il trouver sa justification dans une théorie manifestement réversible ? Telle est la question qui continue à tarauder certains physiciens de l'époque. D'aucuns considèrent alors que le deuxième principe n'est pas absolument valide ; d'autres que la déduction de Boltzmann n'est pas correcte.

Le débat dure plusieurs années. En 1890, le mathématicien Henri Poincaré complique encore la situation. Il établit un théorème qui stipule que tout système matériel, au bout d'un temps suffisamment long, passe par un état aussi proche que l'on veut de son point de départ. Dès que le système est un peu complexe, les durées en jeu sont, bien sûr, considérables. Poincaré estime que ce processus demande des milliards de milliards de siècles. Cela n'en évoque pas moins un éternel retour. Si un amas d'étoiles pouvait constituer un monde, Poincaré imagine que, avec des télescopes plus puissants que ceux de son époque, il serait possible d'observer le réveil de mondes éteints. Il ne prend toutefois pas ses spéculations très au sérieux. Un amas d'étoiles n'est pas un monde. Quant à appliquer son théorème à l'univers, il faudrait que ce dernier soit spatialement fini et que le nombre de corpuscules qu'il contient soit également fini. Or, selon Poincaré, il n'y a aucune raison que l'univers réel soit de la sorte. Gardant toute sa confiance dans la validité du deuxième principe de la thermodynamique, il estime que l'univers réel ne retourne pas à son état initial. De quoi relancer Boltzmann dans le débat.

De fait, Boltzmann prend très au sérieux le théorème de Poincaré tout en reconnaissant que la mort thermique de l'univers est une conséquence inévitable du deuxième principe de la thermodynamique. Il n'y a là nul paradoxe. Pour Boltzmann, la croissance de l'entropie n'est pas une loi absolue de la nature ; simplement une propriété statistique qui est presque toujours vraie pour les systèmes contenant un grand nombre de molécules. On ne voit jamais l'entropie de l'univers décroître parce que la probabilité qu'un tel processus se réalise est extrêmement faible. Boltzmann fait d'ailleurs remarquer que le temps de récurrence, c'est-à-dire le temps pour qu'un système retrouve un état initial, est si long que cela n'a pas vraiment de sens d'attendre qu'un tel événement se produise. Par exemple, pour un centimètre cube de gaz, dans les conditions normales de température et de pression, Boltzmann calcule qu'il faut attendre des milliards de milliards d'années pour retrouver une configuration moléculaire quasi identique à celle du début ! Alors, que doit-il en être pour l'univers ? Il n'est pas surprenant qu'on ne le voie suivre qu'une seule flèche du temps. L'unicité de celle-ci ne serait qu'une illusion due à l'immensité des échelles temporelles des phénomènes physiques impliqués. L'éternel retour est donc possible, du moins théoriquement, mais dans la pratique il ne se produit jamais. Voilà ce qu'affirme Boltzmann à la suite du théorème de Poincaré. Ce n'est toutefois pas sa position finale.

Tout bien réfléchi, Boltzmann n'aime pas l'idée d'un univers commençant dans une configuration spéciale, c'est-à-dire ayant un niveau d'entropie minimal. À ses yeux, l'univers dans sa globalité a toujours dû être dans un état d'équilibre. Il n'y a pas de mort thermique qui pointe à l'horizon : la mort thermique est déjà en acte, du moins globalement, parce que, localement, la situation peut être différente. En 1895, Boltzmann défend ainsi la thèse qu'il existe des poches d'univers relativement isolées où l'entropie est décroissante et des poches d'univers où l'entropie est croissante, mais que, globalement, l'entropie de l'univers reste constante. Ces poches proviennent des fluctuations de la matière qui, à un moment donné, peut se retrouver dans une configuration moins probable que celle où elle se trouvait auparavant. Une fois ces poches d'univers apparues, leur entropie s'accroît continuellement de sorte que chacune d'elles se rapproche de l'état de mort thermique du reste du cosmos. Mais, dans d'autres zones de l'univers, de nouvelles fluctuations se forment et donc de nouvelles poches renaissent, de sorte que la mort thermique, tout en étant globale, n'est jamais absolue. Comme une poche d'univers contient nécessairement un nombre fini d'éléments, la configuration de chaque poche d'univers devrait continuellement réapparaître, se développer et disparaître quelque part dans l'univers. C'est un processus sans fin qui aurait toujours existé et qui existera toujours. Bref, Boltzmann en vient, lui aussi, à sous-entendre discrètement un possible éternel retour, sauf que le retour du Même est avant tout un phénomène spatial. C'est quelque part, ailleurs dans l'univers, qu'un autre monde identique à celui-ci serait déjà apparu et apparaîtra à l'infini.

Création de l'univers, éternel retour et mort thermique générale avec apparitions permanentes de poches d'univers, telles sont finalement les différentes conceptions cosmologiques discutées à la fin du XIXe siècle en rapport avec la thermodynamique. Tel ou tel chercheur peut parfois y croire fortement. Mais, globalement, aucune option ne l'emporte. C'est affaire de goût personnel. Au début du XXe siècle, ces spéculations cosmologiques se font plus discrètes. Elles retrouvent juste une petite vigueur avec la découverte de la radioactivité. Si l'univers est éternel, se demandent des physiciens, toute la matière aurait déjà dû se désintégrer. Ce n'est manifestement pas le cas. Du coup, il est probable que l'univers ne soit pas éternel, avancent certains. Quand on pense qu'il y a encore des ouvrages plus ou moins savants en ce début du XXIe siècle qui affirment que le dogme d'un univers éternel dominait sans partage les esprits au début du XXe siècle !

## La tentation des univers cycliques

L'histoire de la cosmologie au XXe siècle a été maintes fois racontée. Différents moments ponctuent le récit. Il commence presque toujours avec la relativité générale d'Einstein.

Avant, c'est le grand néant ; le mythe à la place de la science, disent certains ! Avec cette théorie en main, Einstein établit les premières équations à même de décrire l'univers dans sa totalité. Il rencontre toutefois un problème. Les solutions de ses équations ne sont pas statiques ; elles correspondent à des univers qui évoluent avec le temps. Einstein n'aime pas cette possibilité. Pour lui, contrairement à certains de ses collègues, l'univers est éternel et immuable. Qu'à cela ne tienne, il ajoute un terme, appelé « constante cosmologique », à ses équations, pour obtenir une solution statique. Nous sommes en 1917 : Einstein vient d'établir le premier modèle d'univers relativiste. C'est un univers fermé sur lui-même qui n'évolue pas. Qu'y a-t-il en dehors de cet univers ? Un aristotélicien répondrait : « Rien, même pas le vide. » Dans la physique d'Einstein, la question n'a pas de sens. C'est un peu comme demander : « Qu'y a-t-il au nord du pôle Nord ? » L'univers est un monde clos qui représente la totalité de ce qui existe. Il n'est donc pas question d'une extériorité du monde, encore moins d'univers parallèles ou multiples ; du moins, pas encore…

L'univers d'Einstein aura cependant la vie courte. Dès 1922, le mathématicien Alexandre Friedmann développe, à partir des équations de la relativité générale, des modèles d'univers en expansion. Selon la valeur de la densité moyenne de l'univers, l'expansion peut soit continuer indéfiniment, soit finir par s'arrêter ; dans ce dernier cas, la fin de l'expansion marque le moment où l'univers commence à se contracter. Les univers à expansion continue sont spatialement infinis ; les autres, comme celui d'Einstein, sont finis. Tout cela est bien joli, mais reste très théorique : à l'époque, les astronomes n'observent pas de mouvement d'expansion ou de contraction. Cette situation va néanmoins très rapidement changer. En 1929, l'astronome Edwin Hubble établit une relation entre l'éloignement des galaxies et leur décalage spectral (il se trouve que la fréquence de la lumière qu'elles émettent est plus petite qu'elle ne devrait l'être d'après leur constitution). Ce décalage peut être interprété comme un signe de leur mouvement par rapport à notre propre galaxie. Dans ce cas, les observations de Hubble indiqueraient que, plus les galaxies sont loin, plus elles s'éloigneraient rapidement (une galaxie deux fois plus lointaine qu'une autre s'éloignerait deux fois plus vite). Si l'interprétation est correcte, l'univers est en expansion.

Ces observations tombent à pic. En 1927, l'abbé Georges Lemaître, qui est aussi physicien, a, de façon théorique, établi une relation identique à celle de Hubble dans le cadre d'un modèle d'univers en expansion, tiré des équations d'Einstein. Ces observations et ce travail théorique se confortent pour convaincre rapidement la plupart des cosmologistes que l'univers est en expansion. Au début des années 1930, l'affaire est entendue. Pratiquement plus aucun cosmologiste n'estime que l'univers est statique. Reste à comprendre ce qu'implique cette expansion. Un univers en expansion veut dire que, avec le temps, les distances entre les galaxies sont de plus en plus grandes ou, inversement, qu'en remontant le temps ces distances sont de plus en plus petites. À proprement parler, les galaxies ne sont pas en mouvement dans un espace statique : c'est l'espace lui-même qui est en expansion. D'où les questions qui commencent à poindre : y a-t-il un début à l'expansion et, si oui, ce début correspond-il à une naissance de l'univers ? Bien sûr, la tentation de faire coïncider début de l'expansion et origine de l'univers est forte. Sur sa route, il y a toutefois un obstacle difficile à surmonter : l'âge de l'univers, tel qu'on peut le calculer à partir de ce nouveau modèle cosmologique, est inférieur à l'âge de certains de ses constituants, dont la Terre ! Cette anomalie n'empêche pas nombre de cosmologistes d'estimer que l'univers trouve sa naissance au moment même où toutes les distances sont minimales. Le premier à étayer par des arguments physiques cette origine est encore ce savant abbé qui a joué un rôle déterminant pour faire accepter l'idée d'expansion.

En 1931, Lemaître imagine que l'univers trouve son origine dans un « atome primitif ». Pour arriver à son modèle cosmologique, Poe était parti de considérations métaphysiques. Lemaître, quant à lui, s'inspire de la théologie ; normal pour un abbé, serait-on tenté d'ajouter. Par exemple, Lemaître opte pour un univers fini. Pourquoi ? Parce qu'il estime que Dieu nous a donné mission de comprendre l'univers ; or, selon Lemaître, seul un univers fini est compréhensible. Du coup, il postule la finitude de l'univers. Même chose pour l'origine de l'univers. Lemaître estime que le *Fiat lux* de la Genèse constitue la raison profonde de l'univers. Cherchant à transposer cette intuition en termes scientifiques, il fait naître l'univers d'un rayonnement originaire. Comme le rayonnement, d'un point de vue quantique, est constitué de paquets d'énergie – les quanta –,

Lemaître postule l'existence d'un atome primitif qui serait un quantum unique d'où proviendraient, par désintégrations successives, l'énergie et la matière présentes dans l'univers actuel. On voit ainsi que les réflexions théologiques de Lemaître sont l'une des sources d'inspiration de ses travaux scientifiques. Pourtant, comme le rappellent souvent les promoteurs du big bang, Lemaître n'a cessé ensuite d'affirmer qu'il fallait distinguer son activité scientifique de ses croyances religieuses. Était-ce pour dissimuler l'origine en partie théologique de son hypothèse cosmologique ? Était-ce pour la rendre moins suspecte auprès de ses possibles contempteurs ? Était-ce pour empêcher que certains ne voient ce modèle cosmologique comme le mythe chrétien de la Création dissimulé sous des oripeaux scientifiques ? Très vraisemblablement, non. Il n'y a, de la part de Lemaître, nulle stratégie de dissimulation de son credo religieux. À partir des années 1930, il tient à distinguer ses travaux scientifiques de ses croyances religieuses parce qu'il estime tout simplement que son hypothèse cosmologique de l'atome primitif a acquis une autonomie scientifique et que tout rattachement à ses racines théologiques nuirait à sa fécondité. Chose remarquable : l'histoire lui a donné raison. Les scientifiques ont oublié les racines théologiques de la théorie du big bang, et cette dernière vogue depuis lors de ses propres ailes.

Dans ce modèle cosmologique de Lemaître, l'atome primitif correspond à une vraie origine de l'univers. Rien de ce qui pourrait le précéder n'est envisagé. L'idée qu'il pourrait y avoir un « avant » ce moment particulier où les distances sont minimales avait pourtant effleuré l'esprit de quelques savants. C'est le cas de Friedmann, qui s'était amusé à concevoir un modèle d'univers cyclique ou oscillant. Il avait ainsi envisagé, calculs à l'appui, que, après une phase d'expansion, l'univers pouvait entrer dans une phase d'effondrement au cours de laquelle toute la matière et tout le rayonnement de l'univers se condensaient sur eux-mêmes. En fin de course, l'univers, avec ses étoiles, ses planètes et tout le reste, devait disparaître dans un brasier cosmique similaire à celui d'où il était né et à partir duquel il devait renaître de ses cendres. Sur le plan géométrique, cela donne un univers qui se contracte en un seul point et s'accroît ensuite jusqu'à une certaine taille, pour se contracter à nouveau en un point et ainsi de suite. Ce n'est pas parce qu'il avait envisagé ce modèle que Friedmann s'en faisait l'avocat. Il s'intéressait surtout à l'aspect mathématique des modèles relativistes, et moins à la physique sous-jacente. Il y voyait juste une possibilité théorique ; un modèle que les équations permettent de concevoir. Au-delà de l'attrait pour le jeu mathématique transparaît quand même une certaine fascination pour cet univers cyclique. Comme il l'écrit lui-même en 1923, ce modèle d'univers fait penser à la mythologie hindoue avec ses cycles cosmiques. Comme quoi, la vieille idée de l'éternel retour réapparaît timidement à l'heure de la relativité générale. Mais elle n'ira jamais très loin.

Tout au long des années 1920 et 1930, d'autres savants l'évoquent. En 1933, Lemaître lui-même aborde le sujet, pour conclure aussitôt que les modèles d'univers cycliques sont exclus par l'observation. Le jugement semble expéditif. Il est vrai que Lemaître tient à privilégier son modèle de l'atome primitif. Ceci explique peut-être cela. Quoi qu'il en soit, ce refus de considérer les univers cycliques comme des modèles réalistes n'empêche pas Lemaître de reconnaître qu'ils ont un charme poétique et qu'ils font penser au Phénix de la légende, car ils peuvent également renaître de leurs cendres. Cette attitude de Lemaître se retrouve souvent chez d'autres cosmologistes, mais pas avec les mêmes arguments. Difficile, en effet, d'exclure les univers cycliques sur la base des observations. Le problème est que, parfois, l'éternel retour dérange. L'aveu est explicite chez certains scientifiques. Par exemple, en 1928, Arthur Eddington, grande figure de la cosmologie relativiste, exprime son mépris pour les univers cycliques. Il précise qu'il ne voue aucun culte au Phénix et qu'il trouve stupide de refaire la même chose éternellement. Là où le spectre d'un éternel retour fascinait Friedmann, il déplaît à Eddington.

Indépendamment de ces sentiments d'attirance ou de répulsion, les modèles d'univers cycliques soulèvent de toute façon des problèmes théoriques et conceptuels. Notamment, l'un des grands désavantages de ces modèles est que l'univers doit passer par une infinité de singularités. Une singularité, c'est déjà une énigme. Essayez d'imaginer une situation où la pression, la température, la densité, etc., sont infinies ! C'est cela qu'on appelle une singularité. Il n'est pas sûr que ce soit quelque chose de vraiment réel. En tout cas, ça ne veut pas dire grand-chose physiquement. Alors, que penser d'une infinité de singularités ! Pour contourner la difficulté, certains chercheurs imaginent que l'univers, quand il s'écroule sur lui-même, « rebondit » avant d'atteindre la singularité. C'est ce que propose par exemple Willem de Sitter, l'un des autres grands cosmologistes de l'époque. Il jette ainsi son dévolu sur un univers qui se serait contracté depuis l'éternité et qui aurait rebondi avant même que toutes les distances ne s'annulent, de sorte que les astres n'auraient pas été détruits dans la phase finale de la contraction. Après le rebond, l'univers aurait commencé sa phase actuelle d'expansion. Par rapport à ses concurrents, ce modèle cyclique présente une grande qualité, outre l'absence de singularité : c'est un univers qui est plus vieux que tous ses constituants, puisque son âge remonte bien au-delà des débuts de la phase d'expansion. Il est même infini. À l'époque, c'est un avantage non négligeable puisque la plupart des autres modèles considérés apparaissent plus jeunes que certains de leurs constituants, dont la Terre. Cela fait désordre. Mais ce modèle de De Sitter présente un gros inconvénient : il ne fait pas partie des solutions des équations d'Einstein. Dans la cosmologie moderne, c'est presque rédhibitoire. De toute façon, le modèle de De Sitter correspond à un univers cyclique réduit à son strict minimum. Il y a juste deux phases : une phase de contraction et une phase d'expansion. À peine un univers cyclique !

Les difficultés rencontrées par les modèles d'univers cycliques ne s'arrêtent pas là. Rapidement, la thermodynamique va aussi mettre son grain de sable dans la belle mécanique des cycles. Toujours dans ces années 1930, le physicien Richard Tolman prétend que, d'un cycle à l'autre, il doit y avoir une accumulation du rayonnement émis par les étoiles. Or cette accumulation correspond à une croissance de l'entropie. Comme la quantité de rayonnement dans l'univers est actuellement finie, Tolman en conclut que, si l'univers peut éventuellement avoir un futur infini, il a nécessairement un passé fini. Notamment, Tolman estime qu'il n'a pu y avoir tout au plus que quelques dizaines de cycles avant celui dans lequel nous nous trouvons. Bref, même si l'univers est cyclique, il a toujours un commencement. Pas question donc de considérer un éternel retour du Même.

Il y a encore plus grave. Pour que l'univers soit cyclique et qu'il se reproduise plus ou moins à l'identique, il faudrait que ses propriétés physiques se maintiennent au travers des singularités, c'est-à-dire au moment de l'effondrement et du redémarrage d'un cycle. C'est au mieux une simple extrapolation, au pis une hypothèse gratuite. Aucune théorie physique ne permet de décrire ce qui se passe lors d'une singularité. Du coup, rien ne permet d'affirmer que l'univers puisse traverser de telles singularités et en réémerger plus ou moins à l'identique. Rien non plus ne permet d'affirmer catégoriquement que l'argument de Tolman est valable puisqu'il suppose une certaine continuité d'un univers au suivant. Pour que tous ces arguments gagnent en pertinence, il faudrait une cosmologie capable d'aborder des situations de très grandes densités, températures et énergie, c'est-à-dire une cosmologie à même de s'appliquer au moment de la phase terminale de l'effondrement ou de la phase initiale de l'expansion ; ce que ne permet pas la relativité générale telle qu'elle existe à l'époque. C'est ce qu'essaieront de faire la cosmologie quantique à partir des années 1980 ou encore une cosmologie s'appuyant sur la théorie des cordes à partir des années 1990 (cf. chapitre 5). D'où le retour timide, depuis une vingtaine d'années, de modèles cycliques ou de scénarios de ce qui aurait pu se passer avant le big bang. Mais rien encore qui fasse l'unanimité dans la communauté scientifique. En tout cas, ces travaux ouvrent une nouvelle perspective sur la notion de cycle cosmique. Plutôt que d'imaginer des cycles reconduisant aux mêmes situations, les cosmologistes en viennent à concevoir des cycles permettant à une infinité de possibilités de se réaliser successivement.

Ce changement de perspective a d'ailleurs été initié dès les années 1970. À cette époque, prenant acte du flou conceptuel dans lequel la cosmologie quantique était plongée, le physicien John Wheeler imagine que, en dehors de la relativité générale, toutes les lois physiques sont violées lors d'une singularité. Notamment, il imagine que les valeurs des constantes physiques, telles que la charge ou la masse de l'électron, sont différentes d'un cycle à l'autre. En supposant également que les univers successifs sont complètement disjoints et que les critiques du type de celle de Tolman ne s'appliquent pas, il avance que rien n'interdit de penser que la succession de cycles est infinie, aussi bien dans le passé que dans le futur. Comme les propriétés des univers sont différentes, Wheeler en arrive à la conclusion qu'au cours du temps il y a une infinité d'univers aux caractéristiques toutes différentes. C'est l'éternel retour, mais pas du Même, puisque tous les univers sont distincts.

C'est donc un modèle cosmologique qui permet la réalisation successive de tous les possibles ; en somme, la réalisation temporelle du principe de plénitude. Cette perspective jouera un rôle important dans les débats autour de ce qu'on appelle le « principe anthropique » que l'on abordera dans le chapitre 4. Avant cela, quelques mots sur la grande rivale de la théorie du big bang.

### De nouvelles poches d'univers

Si on oublie Poe, la théorie du big bang naît en 1931 avec l'hypothèse de l'atome primitif de l'abbé Lemaître. C'est une théorie qui, à défaut d'emporter immédiatement l'adhésion des scientifiques, voit son audience régulièrement augmenter au fil des ans. Mais elle ne plaît pas à tout le monde. Le plus connu de ses adversaires est certainement Fred Hoyle. C'est lui qui a d'ailleurs inventé l'expression « big bang ». C'était en 1950 lors d'une émission de la BBC qui eut un grand succès. On dit souvent qu'il imagina cette expression pour tourner en dérision cette théorie attribuant un âge fini à l'univers. Il semble plutôt que c'était simplement pour en donner aux auditeurs une image parlante. L'expression, qui marqua les esprits, est restée. Cela dit, il est vrai que Hoyle n'a jamais accepté cette théorie et qu'il l'a parfois, ailleurs, tournée en dérision. Il n'arrivait pas à comprendre que l'on puisse, sur un plan scientifique, accorder du crédit à une théorie qui parlait d'une naissance de l'univers. Il s'est d'ailleurs obstiné jusqu'à ses derniers jours au début du XXI^e siècle à défendre une théorie alternative. Elle n'a jamais été reconnue par la communauté scientifique. Hoyle fait donc figure de grand perdant. Il est à la fois reconnu comme l'un des grands cosmologistes du XX^e siècle pour différentes contributions majeures et considéré avec quelque apitoiement pour ne pas avoir accepté la théorie du big bang à laquelle adhèrent presque tous les autres cosmologistes. En tout cas, dans son obstination à rendre compte des observations sans recourir à la théorie du big bang, il a été conduit à évoquer des poches d'univers, un peu comme celles de Boltzmann. Comment en est-il arrivé là ?

L'entrée de Hoyle sur la scène cosmologique date de 1948. À l'époque, Hoyle trouve problématique de construire un modèle cosmologique dans lequel l'univers possède un acte de naissance qui ne peut pas être analysé en tant que tel. De fait, tous les cosmologistes qui acceptent l'idée d'un univers ayant un âge fini se placent toujours après sa naissance pour en étudier les caractéristiques possibles. Du coup, l'idée de Hoyle est de proposer une théorie où la création de matière n'est pas un phénomène unique, mais un processus régulier pouvant se produire en tout point de l'espace. Hoyle peut de cette façon intégrer la création de matière aux équations régissant le comportement de l'univers. Acceptant la thèse de l'expansion de l'univers, il imagine que la matière créée vient combler le vide engendré par l'éloignement des galaxies. Il obtient ainsi un modèle cosmologique dans lequel l'univers se renouvelle sans cesse, de sorte qu'il apparaît identique à lui-même au cours du temps. C'est pourquoi cette théorie sera baptisée « théorie de l'état stationnaire ».

Cette idée d'une création permanente de matière n'est pas bien acceptée par les astronomes en général. Mais Hoyle ne voit aucune raison de la rejeter d'office. Premièrement, une création constante de matière n'est pas plus miraculeuse qu'une unique création. Elle l'est même moins puisqu'elle peut être intégrée aux équations. Deuxièmement, le taux de création, calculé pour que la densité de l'univers reste constante malgré l'expansion, est tellement faible que l'apparition de nouvelles particules ne peut pas être observée. À un niveau empirique, la violation du principe de conservation de l'énergie n'est donc pas repérable. Pour Hoyle, cela montre qu'il n'y a aucune raison de disqualifier d'office la théorie de l'état stationnaire : c'est sur un plan observationnel que le choix de la théorie la plus apte à décrire l'univers doit se décider. Or, à l'époque, rien ne permet de déterminer quelle théorie correspond le mieux aux observations : celle du big bang ou celle de l'état stationnaire. Qu'à cela ne tienne, plusieurs astronomes partisans de la théorie du big bang se mettent rapidement au travail pour essayer de disqualifier la théorie de l'état stationnaire. Les années 1950 voient ainsi se succéder toute une série de controverses concernant les deux théories en concurrence. La théorie de Hoyle, plusieurs fois bousculée, arrive à résister. Ses adversaires n'ont pas réussi à convaincre la communauté scientifique que la théorie du big bang est nécessairement la bonne. Ce ne sera plus le cas dans les années 1960.

L'idée fondamentale de Hoyle est que l'univers ne peut pas naître d'un big bang ou, dit autrement, d'une singularité de l'espace-temps. En 1948, il avait opté pour le modèle le plus simple qui respecte cette exigence : un univers où l'expansion est constante et le taux de création de la matière régulier et uniforme à travers l'espace. Mais rien ne l'oblige à maintenir un modèle aussi simple. De fait, dès la fin des années 1950, c'est-à-dire avant que la théorie de l'état stationnaire ne soit vraiment en difficulté, Hoyle commence à la peaufiner pour qu'elle soit plus cohérente et plus à même d'être en accord avec les observations. Il avance dans plusieurs directions. Notamment, il développe un modèle d'univers qui, tout en étant globalement en expansion, effectue des petites oscillations. Il rejette aussi l'hypothèse selon laquelle la matière est créée de façon uniforme à travers l'espace ; il imagine plutôt des poches de création. Toutes ces modifications de sa théorie initiale vont toutefois se révéler inutiles.

En 1964, des astronomes observent un rayonnement électromagnétique diffus à 3 K (K pour Kelvin) dont l'existence a été prévue dans le cadre de la théorie du big bang. Cette découverte est alors saluée par la communauté scientifique et par la presse comme une preuve du big bang. Hoyle, bien que troublé, reste dubitatif. Sans contester que ce rayonnement puisse s'expliquer dans le cadre de la théorie du big bang, il considère que ce n'est pas nécessairement la seule explication possible. D'ailleurs, les années suivantes, il propose une alternative. Mais celle-ci n'a aucun écho chez les partisans du big bang, qui affirment que ce rayonnement ne peut s'expliquer *que* dans le cadre de leur théorie. Ce type de controverse se répétant à propos d'autres observations astronomiques (abondance des éléments chimiques, quasars...), les partisans du big bang ne voient dans les modifications apportées par Hoyle à sa théorie que des tentatives désespérées pour la sauver. Il n'est décidément pas raisonnable. Il devrait accepter sa défaite. Pour Hoyle, au contraire, le déraisonnable est, avant d'avoir épuisé toutes les alternatives, d'accepter l'idée que l'univers est né d'une singularité de l'espace-temps. La communauté scientifique ne l'entend pas de cette oreille et déclare que la théorie de l'état stationnaire est définitivement caduque. À partir des années 1970, Hoyle prêche dans le désert.

En tout cas, c'est au cours de ces années 1960 que Hoyle conçoit des univers multiples. Plus précisément, il en vient à concevoir des régions de l'espace, comme des îles dans un océan, écrit-il, où les propriétés de la matière seraient différentes d'une région à l'autre. Pas uniquement les propriétés physiques comme la température ou la densité de la matière – ce qui n'aurait rien de surprenant. Ces différences concerneraient également les propriétés de la matière elle-même, comme la charge ou la masse des particules. Du coup, la physique, la chimie et la biologie s'en trouveraient modifiées. C'est une idée qui remonte au moins à Newton qui, en 1730, avait imaginé que Dieu aurait pu créer des régions de l'espace où les propriétés de la matière auraient été différentes. Mais cela faisait longtemps que l'on n'en parlait plus. Il est vrai que Descartes avait affirmé quant à lui que, si Dieu avait créé d'autres mondes, il n'avait pu en créer avec des lois différentes. Il revient donc à Hoyle, cette fois-ci en dehors de toute considération théologique, d'avoir réintroduit cette idée en cosmologie. Ce n'est peut-être pas surprenant de sa part quand on sait qu'il fut l'auteur de multiples ouvrages de science-fiction ! En tout cas, quelques années plus tard, cette idée deviendra à la mode chez les cosmologistes, sauf que, à la différence de ce que suggérait Hoyle, ces poches d'univers ne seront plus observables. De toute façon, ces réflexions de Hoyle n'ont aucune incidence sur la cosmologie. L'heure est au big bang, simple et unique.

## Le big bang triomphant

Dans ces années 1970, si le big bang a remporté la partie, tout n'est pas pour autant clair sur les caractéristiques de l'univers. Est-il infini ou pas ? Est-il homogène ou pas ? Personne n'en sait rien, et aucune observation n'est à même de trancher ces questions. C'est alors que, dans un article publié en 1979, George Ellis, l'un des grands cosmologistes du XXe siècle, et un certain G. B. Brundit font remarquer qu'un univers infini et homogène implique l'existence d'une infinité d'autres soi-même éparpillés dans l'espace. La conclusion est la même que chez Blanqui, que les deux cosmologistes ne semblent pas connaître (du moins, ils ne le mentionnent pas). Leur argumentation, agrémentée de quelques considérations sur la physique atomique, inconnue de Blanqui, est toutefois plus solide que celle de l'insurgé. C'est que l'univers de Blanqui est infini *et* éternel. Du coup, toute région de l'espace a eu le temps d'interagir avec toute autre région, si éloignée soit-elle, ne serait-ce que d'un point de vue gravitationnel. Aucune région n'étant indépendante des autres, il est difficile d'affirmer que deux êtres peuvent être tout à fait identiques, puisque l'existence de l'un modifie les caractéristiques de l'autre, et réciproquement. Dans le cadre de la théorie du big bang, ce n'est pas le cas. Dans un univers infini, il y a nécessairement des régions causalement déconnectées entre elles : ce sont les régions si éloignées les unes des autres qu'aucune interaction n'a eu le temps de se propager depuis que l'univers existe. Ces régions causalement disjointes existent même en nombre infini. Apparemment, il peut donc exister une infinité de vous-mêmes éparpillés dans l'espace, tous en train de lire ces mêmes lignes.

Troublant, troublant ! concluent nos deux cosmologistes. Tout cela ne leur semble pas vraisemblable. Pour eux, cette conséquence laisse penser soit que l'univers n'est pas infini, soit qu'il n'est pas homogène et que la vie n'a pu se développer que dans un nombre fini de régions. Bref, si l'on prend cet article comme représentatif de l'état d'esprit de l'époque, on pourrait penser que les cosmologistes ne sont pas prêts à assumer cette idée d'autres soi-même. C'est peut-être le cas. La situation va toutefois très rapidement changer. D'ailleurs, elle avait déjà commencé à changer, mais en dehors de la cosmologie. Comme nous allons le voir, pour trouver d'autres spéculations sur les univers parallèles ou multiples, il faut se tourner vers l'étude des constituants élémentaires de la matière.

Chapitre 3

# Des histoires qui bifurquent

L'écrivain Jorge Luis Borges n'aimait pas les histoires simples. Dans la nouvelle *Le jardin aux sentiers qui bifurquent* (1941), il décrit les péripéties d'un espion allemand, d'origine chinoise, pourchassé en Angleterre par un agent du contre-espionnage britannique. Tout en se sentant acculé, cet espion allemand cherche désespérément à faire savoir à ses supérieurs qu'il faut bombarder la ville d'Albert où se trouve une base d'artillerie anglaise. Pour communiquer ce message, l'espion n'imagine d'autre solution que d'aller assassiner un individu du nom d'Albert, comme la ville, en espérant que, à la nouvelle du meurtre, ses supérieurs comprendront à la fois que c'est un message codé qui leur est envoyé et que ce dernier signifie qu'il faut bombarder cette ville. Le stratagème fonctionne très bien puisque, une fois l'assassinat commis et l'espion arrêté, les services secrets allemands comprennent la signification de cette information telle qu'elle apparaît dans la presse et ordonnent à leur aviation de bombarder la petite ville en question. Voilà pour la partie simple de l'histoire. Là où cela se complique, c'est que, insérée dans ce récit, il y a l'histoire d'un mystérieux livre et d'un tout aussi mystérieux labyrinthe, dont on apprend finalement que c'est le même objet et qu'il a été écrit par un ancêtre de l'assassin, c'est-à-dire de l'espion allemand qui est chinois, et dont le pauvre Albert, sinologue de profession, qui a été assassiné uniquement parce qu'il s'appelait Albert, détenait un exemplaire et en avait déchiffré l'énigme – ce dont il a fait la révélation à son assassin juste avant de mourir.

Comment le livre dont il est question dans l'histoire enchevêtrée peut-il être un labyrinthe ? La clé de l'énigme est que, chaque fois que différentes possibilités se présentent dans le récit, les protagonistes les adoptent toutes simultanément. À chaque moment de l'histoire, il y a des points de bifurcation à partir desquels tous les dénouements se produisent. À partir de chaque branche du récit, le même processus se reproduit, c'est-à-dire qu'à chaque moment d'un récit enchevêtré il y a également des points de bifurcation à partir desquels tous les dénouements de cette partie du récit se produisent eux aussi. Et ainsi de suite pour chaque dénouement. Mais les histoires ne font pas que bifurquer. Parfois, elles convergent. Deux chemins du labyrinthe, voire plus, peuvent se recouper. Cette construction romanesque met, bien sûr, un terme à toute idée de cohérence classique au niveau du récit global. Par exemple, un individu, mort au chapitre 3, peut être vivant au chapitre 4.

C'est le sinologue assassiné qui a percé l'énigme du fouillis inextricable de récits enchevêtrés dont regorgeait l'ouvrage de l'ancêtre de son assassin. Borges précise que cette construction romanesque s'accompagne chez son auteur d'une conception d'un temps constitué, non pas d'une seule ligne, mais d'une multitude de lignes enchevêtrées. De façon très sérieuse, l'ancêtre de l'assassin croyait ainsi à des lignes de temps qui peuvent diverger, converger ou rester parallèles des siècles durant. Cette trame temporelle constituée de plusieurs lignées temporelles qui bifurquent, se recoupent ou s'ignorent, a pour conséquence que tous les possibles peuvent se réaliser. Dans une ligne de temps qui correspond au récit de Borges, l'espion allemand tue le sinologue ; mais, dans une autre, il se peut très bien qu'il le trouve déjà mort quand il arrive à sa demeure ; dans une autre, il se peut qu'il se fasse arrêter avant de pouvoir le tuer ; et ainsi de suite. D'ailleurs, peut-être que, dans une autre ligne de temps, vous n'êtes pas en train de lire ce livre…

Dans la ligne de temps qui est la nôtre, du moins la mienne, cette nouvelle de Borges fut publiée en 1941. Dans l'histoire de la littérature, c'est l'une des premières à faire écho à de multiples bifurcations conduisant à la mise en place d'histoires parallèles. C'est également l'une des plus connues. Mais elle n'est pas, à proprement parler, la première. On trouve une idée similaire dans une nouvelle de Murray Leinster, *Sidewise in time*, publiée en 1934. Dans celle-ci, l'auteur décrit une situation où, après un cataclysme cosmique, différentes histoires parallèles en viennent à s'entremêler : une légion romaine, provenant d'un monde où l'Empire romain n'a pas sombré, fait son apparition aux abords de Saint Louis, dans le Missouri ; un drakkar, provenant d'un monde ayant vu les Vikings s'installer en Amérique du Nord, fait un raid sur un port du Massachusetts ; un représentant de commerce se retrouve confronté aux lois raciales des États du sud des États-Unis dans un monde où ceux-ci ont gagné la guerre de Sécession ; et ainsi de suite. En 1938, c'est au tour de Jack Williamson de publier la nouvelle *Les Guerriers du temps* (*The Legion of Time*). Dans celle-ci, toutes les histoires parallèles ne sont pas vraiment réelles ; elles sont toutes virtuelles, sauf une. Ce qui ne les empêche pas d'interférer avec l'histoire réelle, au sens où des personnages virtuels font irruption dans l'histoire réelle pour essayer de l'orienter. Du coup, bien qu'ayant des degrés de réalité différents, les histoires parallèles s'entremêlent quand même, comme dans la nouvelle de Leinster[1].

Borges et Leinster avant lui n'ont fourni, à ma connaissance, aucune justification de leurs spéculations. D'où leur vient cette idée d'histoires qui bifurquent ? Pourquoi l'ont-ils développée plus ou moins à la même époque ? Quelle importance lui attribuaient-ils ? Rien n'est dit explicitement. En revanche, Williamson offre un indice de ce qui a nourri

1. Dans la littérature, il existe d'autres récits fondés sur le concept d'histoires parallèles. Par exemple, dans *La Machine à explorer le temps* (*The Time Machine*, 1895), H. G. Wells utilise le concept de lignes de temps parallèles afin d'éviter les paradoxes associés aux voyages dans le temps. Mais ces récits ont plus à voir avec l'idée d'une quatrième dimension que nous traiterons dans le chapitre 5 qu'avec celle de bifurcation des histoires que nous allons traiter dans ce chapitre.

son imagination. Il laisse en effet glisser dans sa nouvelle que la prolifération d'histoires possibles résulte des « caprices de l'indéterminisme atomique ». Ce concept d'indéterminisme atomique, Williamson l'emprunte à la mécanique quantique, cette branche de la physique qui s'intéresse au monde microscopique et qui est née dans les années 1920. Les lecteurs de science-fiction savent d'ailleurs que, depuis les années 1970, il existe un grand nombre de scénarios de mondes parallèles où il est explicitement fait référence à la mécanique quantique.

Si les nouvelles de Leinster et de Borges ne font pas référence à la mécanique quantique, si celle de Williamson n'y fait référence que du bout des doigts, et si, inversement, la science-fiction plus récente s'appuie allègrement dessus, ce n'est pas pour rien. À l'époque où ont été écrites les nouvelles de Borges, Leinster et Williamson, aucun physicien n'avait avancé que des histoires peuvent bifurquer de telle sorte que toutes les possibilités d'une situation se réalisent. L'idée est donc d'abord sortie de l'imagination des romanciers. Chez les physiciens, elle n'apparaît explicitement, mais très discrètement, qu'à la fin des années 1950. Puis, au début des années 1970, elle sort du cercle des spécialistes et commence à être largement débattue. Désormais, les auteurs de science-fiction peuvent directement s'en inspirer pour élaborer leurs récits. Ils ne s'en priveront pas. Reste à comprendre comment la mécanique quantique en est arrivée à reprendre ces spéculations de romanciers et pourquoi un nombre croissant de physiciens se tournent vers elles de nos jours.

## Le chat quantique

À propos de la mécanique quantique, on parle souvent d'une révolution scientifique qui bouleversa la vision classique du monde. Est-ce vraiment le cas ? Elle la transforma assurément. Toute la question est de savoir à quel point. Par exemple, elle est censée avoir remis en cause le déterminisme de la physique classique. Ce concept recouvre l'idée que l'état d'un système physique et de son environnement à un moment donné détermine sans ambiguïté son état à un moment ultérieur. Ainsi, en physique classique, le résultat de tout processus physique peut, en principe, être prédit avec certitude dès que l'on connaît les lois auxquelles il est soumis et la situation dans laquelle il se trouve à un moment donné. Bien sûr, lorsque le processus fait intervenir un grand nombre d'objets, la physique classique peut faire appel à la notion de probabilité. Mais elle ne suppose aucun indéterminisme inhérent à la nature des choses. Les probabilités ne servent qu'à pallier notre ignorance ou à simplifier des calculs autrement infaisables. C'est ce déterminisme que la mécanique quantique aurait remis en cause. Dans l'évolution d'un système microscopique, il y aurait toujours une part d'aléatoire. Si un physicien ne peut jamais prédire précisément la situation future d'un tel système, ce n'est pas parce qu'il ne connaîtrait pas parfaitement son état ni les lois auxquelles il est soumis ; ce serait parce que son évolution est intrinsèquement imprévisible. Ce physicien peut néanmoins, grâce à la mécanique quantique, calculer la probabilité que le système a de se trouver dans tel ou tel état.

Ce bouleversement correspond-il à une révolution conceptuelle ? Oui et non. Comme souvent, une telle caractérisation, sans être fausse, manque de nuance. Il n'y a pas de doute que la physique classique a parfois véhiculé l'idée d'un monde parfaitement déterminé. Dans son *Essai philosophique sur les probabilités* (1814), le mathématicien Pierre Simon de Laplace avait avancé que, s'il existait, un être super-intelligent pourrait, avec une connaissance complète de l'état du monde à un moment donné, prédire très précisément son passé et son futur. Laplace reconnaissait qu'une telle connaissance était impossible pour des raisons pratiques ; mais, en théorie, rien ne l'interdisait. Cette vision ne faisait pas pour autant l'unanimité chez les physiciens. Et même chez ceux qui l'avaient adoptée, elle avait commencé à se briser avant le début du XXe siècle ; autant dire qu'elle n'a pas régné longtemps. Comme on l'a vu avec Boltzmann, les méthodes statistiques avaient fait leur entrée en physique. Certes, ce n'étaient bien souvent que des méthodes de calcul pour traiter des systèmes comprenant un grand nombre d'atomes. Il apparaît toutefois que, à force de traiter les atomes comme si leurs configurations étaient choisies au hasard, il était de moins en moins important de les considérer comme soumis à un déterminisme strict. On commençait à parler d'une certaine forme de mouvement aléatoire ou d'un désordre moléculaire pour expliquer l'irréversibilité des phénomènes. Interprétation difficilement conciliable avec une vision déterministe stricte. Boltzmann suggéra même que les lois du mouvement de Newton pouvaient ne représenter qu'un mouvement moyen des particules. Au début du XX^e siècle, la radioactivité donna également à penser que la nature n'était pas complètement déterministe. N'était-il pas impossible de déterminer précisément quand l'atome allait se désintégrer ?

Bref, l'indéterminisme de la nature n'est pas apparu brusquement dans les années 1920 avec la mécanique quantique. Cela faisait des décennies que les physiciens discutaient en termes probabilistes du comportement des atomes. En outre, si certains physiciens – pas tous, comme on le verra ci-après – ont commencé à accepter une certaine forme d'indéterminisme pour le monde microscopique, ils ont quand même continué à croire au déterminisme au niveau des objets macroscopiques. Pour eux, le monde est toujours régi par des lois causales. À ce niveau, rien n'a changé. Du coup, plutôt que d'une révolution ayant fait basculer la science d'une représentation déterministe de la nature à une représentation indéterministe, il serait plus juste de parler d'une transition graduelle et partielle de la première vers la seconde. Sans parler du fait que l'on assiste, notamment avec l'idée d'univers parallèles, à un retour au déterminisme strict.

Quoi qu'il en soit de ces nuances, quelle est finalement cette théorie qui contribua à transformer la vision du monde qu'avaient les physiciens ? Au départ, il y a des expériences indiquant que des objets microscopiques (les photons, les électrons, les atomes, etc.) se comportent parfois comme des ondes, parfois comme des particules. Ce qui est pour le moins bizarre : les deux comportements semblent incompatibles. Comment un électron pourrait-il être à la fois une particule, c'est-à-dire un objet localisé plus ou moins en un point, et une onde, c'est-à-dire une entité étendue spatialement ? Ce n'est pas très clair. En tout cas, en 1925, le physicien Erwin Schrödinger établit l'équation décrivant le mouvement ondulatoire de ces entités quantiques. Cette onde est mathématiquement représentée par une fonction. On l'appelle la « fonction d'onde ». Mais que représente-t-elle exactement ? Là non plus, la réponse n'est pas évidente. En 1926, le physicien Max Born montre que cette fonction d'onde permet de calculer la probabilité qu'a une particule de se trouver à tel ou tel endroit. Elle ne représenterait donc pas vraiment une onde de matière, mais plutôt une onde de probabilité. C'est ainsi que l'indéterminisme fait son entrée dans le formalisme de la mécanique quantique. Est-ce un problème ? Pas vraiment, au sens où cette équation de Schrödinger se révèle un outil très précieux : rapidement, les physiciens se rendent compte qu'elle permet de faire des prédictions très précises sur le comportement des atomes. La voici adoptée.

L'apparente dualité onde-particule n'est pas la seule bizarrerie des entités quantiques. On parle de « quanta » pour une raison précise. À la différence de ce qui se passe en physique classique, certaines propriétés des entités quantiques peuvent être distribuées suivant des valeurs discrètes. Prenons l'exemple du spin d'une particule. C'est une propriété qui s'apparente au « moment cinétique » d'un objet en rotation sur lui-même, comme une toupie. Cependant, cette analogie masque la spécificité fondamentalement quantique du spin : contrairement au moment cinétique classique, le spin est quantifié, c'est-à-dire qu'il ne peut prendre que certaines valeurs entières ou demi-entières, selon le type du corpuscule. Par exemple, le spin d'un électron peut être égal à 1/2 ou –1/2 (avec des unités bien choisies). Pour chaque valeur, on parle de l'état dans lequel se trouve l'électron. La fonction d'onde peut représenter l'électron dans l'état correspondant au spin valant 1/2 ou dans l'état correspondant au spin valant –1/2. Mais la somme de ces deux fonctions d'onde est aussi une solution de l'équation de Schrödinger. Elle est même nécessaire pour prédire le comportement de l'électron. Cela est vrai quel que soit le nombre d'états possibles dans lesquels peut se trouver une entité quantique. Comme pour l'exemple de la position mentionné ci-dessus, la fonction d'onde définie par une somme de différentes fonctions d'onde possibles d'une entité quantique permet de calculer la probabilité que cette entité se trouve dans tel ou tel état, si on met en place un dispositif expérimental pour l'observer.

Avant toute mesure, la mécanique quantique est parfaitement déterministe, au sens où la fonction d'onde est, à tout moment, strictement définie. C'est seulement le résultat d'une mesure qui est incertain. Dans les années 1920, la question qui se pose est donc de savoir si une entité quantique se trouve dans un état déterminé avant qu'on ne l'observe. Si étrange que cela puisse paraître, plusieurs expériences laissaient croire qu'elle pourrait être dans plusieurs états à la fois ! Ce sont des expériences dans lesquelles il est difficile de comprendre le résultat que l'on obtient si l'on suppose que l'entité quantique se trouve dans un seul état. Un électron, par exemple, peut donner l'impression d'être dans deux endroits à la fois. Il est vrai qu'il a un comportement ondulatoire et qu'il n'est pas localisé en un point. Mais pourquoi apparaît-il en un point quand on l'observe ? Inutile de dire que cette situation trouble plus d'un physicien. Cette caractéristique du monde quantique ne s'accorde pas du tout avec notre expérience du monde macroscopique. Les objets usuels, tels que les crayons, les chaises, les tables, etc., sont constitués d'entités quantiques (électrons, atomes...). Pourtant, il est difficile d'imaginer qu'ils se situent en plusieurs endroits à la fois quand on ne les observe pas.

Dans les années 1930, confrontés à ces difficultés conceptuelles, les physiciens Paul Dirac et John von Neumann jettent les bases d'une interprétation, qui deviendra l'interprétation « standard » de la mécanique quantique à partir des années 1950. Celle-ci est souvent confondue avec celle de Niels Bohr, communément appelée « interprétation de Copenhague », en référence à la ville où ce grand physicien poursuivit ses recherches sur les fondements de la mécanique quantique. Mais les deux interprétations, bien qu'ayant des points communs, ne sont pas tout à fait identiques. En tout cas, selon l'interprétation dominante, celle de von Neumann-Dirac, il faut séparer le monde en deux. D'un côté, il y a les entités quantiques, de l'autre, les objets macroscopiques. Et les deux mondes ne sont pas régis par la même physique. La transition d'un monde à l'autre s'explique alors par la notion d'effondrement de la fonction d'onde. Si on ne perçoit jamais une entité quantique dans plusieurs états à la fois, c'est que ses états superposés s'effondrent à chaque fois qu'on l'observe, de sorte qu'elle se retrouve toujours dans un seul état. Comme on peut le remarquer, cette interprétation revient à donner un rôle fondamental à l'observation, voire, pour certains chercheurs, à la conscience. Celle-ci aurait le pouvoir de réduire la fonction d'onde à une seule de ses composantes. Qu'est-ce que cela peut bien signifier concrètement ?

Imaginez un pêcheur qui retire un poisson d'une mare boueuse. Il sait bien, même s'il ne le voyait pas, qu'avant d'être pris le poisson occupait à chaque instant une position bien précise. Or, selon l'interprétation de von Neumann-Dirac, un poisson « quantique » – si une telle entité existait – occupe toute la mare avant d'être pris et ne prend sa taille et sa forme de poisson ordinaire qu'au moment de sa capture. De cette analogie il ne faut pas déduire que l'on pourrait pêcher le poisson quantique avec la même chance de réussite en tout endroit de la mare. Selon l'interprétation de von Neumann-Dirac, le poisson a beau se trouver partout dans la mare, il ne l'est pas avec la même probabilité. Bien entendu, il n'existe pas de poisson quantique. Mais si l'on remplace la mare par une boîte où l'on a fait le vide, et le poisson par un électron, ce corpuscule occupera, toujours d'après l'interprétation de von Neumann-Dirac, toute la boîte avec, comme le poisson ci-dessus, une probabilité de présence différente en chaque endroit. Maintenant, si un observateur introduit une minuscule sonde à l'intérieur de la boîte pour détecter l'électron, ce dernier redeviendra ponctuel au moment de sa détection. Sa fonction d'onde se sera effondrée.

Cette interprétation ne s'est pas imposée sans heurts. Elle a notamment été vivement combattue par Albert Einstein. Pour le père de la relativité, l'incertitude sur les propriétés des entités quantiques ne faisait que traduire notre ignorance et non pas un indéterminisme intrinsèque. C'est ce qu'il voulait signifier quand il s'exclama que « Dieu ne joue pas aux dés ». Pour mettre à mal cette interprétation, Einstein essaya de montrer que la mécanique quantique n'était pas une théorie complète, au sens où elle ne disait pas tout ce qu'il y avait à dire à propos de la nature. Ne pourrait-il pas exister, se demanda en effet Einstein, des paramètres supplémentaires qui, si on les connaissait, permettraient d'attribuer, par exemple, une position déterminée à l'électron avant toute observation ? Dans ce cas, le comportement des entités quantiques ne serait pas véritablement différent de celui des objets macroscopiques. Seule notre méconnaissance des paramètres les définissant nous ferait croire qu'elles n'ont pas de propriétés bien déterminées. Mais Einstein ne mit sur pied aucune théorie révélant le caractère déterminé de l'état des entités quantiques avant toute mesure. Ce qui laissa le champ libre à l'interprétation de von Neumann-Dirac : ses adeptes purent prétendre qu'elle était la seule possible, au sens de la seule empiriquement adéquate.

Cette « victoire » de l'interprétation de von Neumann-Dirac n'a bien sûr réglé aucun des problèmes conceptuels de la mécanique quantique. D'ailleurs, dès 1935,

Schrödinger avait illustré l'étrangeté de cette théorie par un paradoxe destiné à une longue postérité. Il avait imaginé un chat placé dans une boîte fermée où se trouvent un élément radioactif et un compteur Geiger. Cet appareil est connecté à un système électrique qui peut provoquer la libération d'un gaz mortel dès que de la radioactivité est détectée. La désintégration de l'élément radioactif est un phénomène quantique et ne peut être prédite précisément. Au bout d'un certain temps, qui dépend de l'élément radioactif (disons une minute), il y a une chance sur deux que la désintégration ait eu lieu et une chance sur deux qu'elle n'ait pas eu lieu. Si elle a eu lieu, le compteur Geiger s'est déclenché et a provoqué la libération du gaz mortel ; ce qui a entraîné la mort du chat. Si la désintégration n'a pas eu lieu, le chat est toujours en vie. Avant d'ouvrir la boîte, il est impossible de savoir si le chat est mort ou vivant. Mais il est possible de le représenter par une fonction d'onde, qui se décompose en deux fonctions d'onde, l'une représentant le chat mort, l'autre le chat vivant. Dans quel état est le chat ? C'est le cœur du problème. Selon l'interprétation de von Neumann-Dirac, l'élément radioactif est dans deux états à la fois : il s'est désintégré *et* ne s'est pas désintégré. Du coup, la situation du chat est la même. Il n'est ni mort ni vivant. En revanche, au moment où on ouvre la boîte, la fonction d'onde globale s'effondre et le chat est soit mort, soit vivant !

Pour Schrödinger, cette expérience de pensée était complètement burlesque. Un chat ne peut pas être mort *et* vivant en même temps, juste parce qu'on ne l'a pas encore regardé. À ses yeux, ce paradoxe montrait que la mécanique quantique avait beau prédire très finement le résultat des expériences, elle ne pouvait que laisser perplexe. Toute la question qui se posait alors aux physiciens de l'époque était de savoir s'il n'existerait pas une autre interprétation de la mécanique quantique permettant de résoudre ce paradoxe. C'est ce qu'Einstein avait désespérément cherché. En vain. D'autres s'y essaieront aussi. La tentative la plus aboutie est due au physicien David Bohm. À partir des années 1950, il met sur pied une théorie de la mécanique quantique dite « aux variables cachées ». Sur un plan technique, c'est une prouesse. En associant à chaque particule quantique une onde, il arrive à retrouver tous les résultats de la mécanique quantique et à faire disparaître le paradoxe du chat de Schrödinger : le chat est toujours dans un état défini, soit vivant, soit mort. Mais cette approche ne plaît pas. Avec l'ajout de variables cachées, elle est assimilée à un bricolage théorique sans pertinence physique, d'autant qu'elle ne règle pas tous les problèmes conceptuels qu'elle prétendait résoudre. Du coup, cette approche reste, et ceci jusqu'à nos jours, marginale. Elle ne réussit pas à contrecarrer l'influence de Bohr, von Neumann et Dirac. Pour la grande majorité des physiciens, les entités quantiques continuent à pouvoir être dans un état de superposition.

Toujours dans ces années 1950, une autre interprétation va toutefois être proposée. Cette fois-ci, il n'est pas question d'ajouter quoi que ce soit au formalisme de la mécanique quantique. Au contraire, cette nouvelle interprétation consiste à coller au plus près de ce formalisme, voire à identifier ce formalisme à la réalité. C'est elle qui va conduire certains physiciens à postuler l'existence de mondes ou d'univers parallèles.

## L'interprétation d'Everett

Cette nouvelle interprétation trouve son origine dans les travaux d'un jeune physicien, Hugh Everett III. Elle apparaît dans sa thèse de doctorat, soutenue en 1957 et intitulée *La Théorie de la fonction d'onde universelle* (*The Theory of the Universal Wave Function*). Cette thèse, il l'a préparée sous la direction de John Wheeler, celui-là même qui défendra un modèle d'univers cyclique dans les années 1970 (cf. chapitre 2). Bien que reconnu comme un étudiant très brillant, Everett quitte le monde de la recherche après ses études. Il se fait recruter par le Pentagone et ne poursuit pas ses travaux sur les fondements de la mécanique quantique. Ses idées ne sont donc exposées que dans sa thèse et dans une poignée d'articles. C'est peu, pour des idées foncièrement contre-intuitives. Son rôle dans la naissance de la théorie des « univers parallèles » en mécanique quantique n'en est pas moins fondamental. Une telle expression ne se trouve jamais sous sa plume et il ne semble pas – bien que cela se discute – qu'Everett y ait précisément songé à l'époque où il travaillait en physique théorique. Mais d'autres chercheurs considéreront par la suite que son approche de la mécanique quantique était porteuse de cette conception au point qu'ils lui en attribuent la paternité.

Depuis, l'usage est pris de parler des univers parallèles « à la Everett », que l'on estime ou non qu'Everett ait personnellement cru à l'existence d'univers parallèles.

Everett se distingue de ceux ayant réfléchi au fondement de la mécanique quantique avant lui par l'importance qu'il attribue au formalisme de cette théorie. C'est un chercheur pour qui il faut respecter à la lettre ce qu'elle nous dit. Que vient donc faire cette idée d'un effondrement de la fonction d'onde qui ne provient pas du formalisme ? Les physiciens postulent l'existence d'un tel effondrement pour retrouver le monde usuel des crayons, des chaises et des tables, c'est-à-dire le monde où chaque objet semble être dans un état défini. Mais Everett commence par rappeler que, sur un plan expérimental, rien ne permet de garantir catégoriquement que la fonction d'onde s'est effondrée. De fait, on ne voit pas d'effondrement à proprement parler ; c'est juste une supposition. Ensuite, il montre que le postulat de l'effondrement ne tient pas debout dès que l'on prend en considération la fonction d'onde de l'univers. Ce dernier étant constitué, comme tout ce qui existe, d'entités quantiques, il est possible de concevoir la fonction d'onde qui le décrirait. Or, pour qu'il y ait effondrement, il faut qu'il y ait un processus d'observation extérieur. Il est nécessaire que quelqu'un ou quelque chose observe l'univers sans appartenir lui-même à l'univers. Absurde ! affirme Everett. Pour toutes ces raisons, il en vient à penser qu'il n'y a jamais d'effondrement de la fonction d'onde.

Sans le postulat de l'effondrement, comment le physicien retombe-t-il sur ses pieds ? Que représente la superposition des états après une observation ? Dans quel état se trouve le chat, non seulement avant qu'on l'observe, mais également après ? Pour répondre à toutes ces questions, Everett se place, si l'on peut dire, à l'intérieur du formalisme. Plutôt que de considérer la fonction d'onde uniquement pour une entité quantique ou un ensemble d'entités quantiques que l'on se propose d'observer, il inclut l'observateur dans la fonction d'onde. C'est pour cela qu'Everett l'appelle la fonction d'onde « universelle ». Sa solution consiste alors à avancer que, après une observation, la conscience de l'observateur se démultiplie en autant d'états qu'il y en a dans la fonction d'onde. Ce peut être un état correspondant à l'observation d'un chat mort et un autre état correspondant à l'observation d'un chat vivant. Bien sûr, aucun état de conscience de l'observateur n'est au courant de l'existence d'autres états de conscience : il y a comme une sorte d'étanchéité entre les différents états de conscience. Sinon, tout le monde serait schizophrène. Pour chaque état de conscience, tout se passe comme si la fonction d'onde s'était effondrée. Mais c'est juste un comme si…

Implicitement, Everett venait d'établir la théorie physique qui manquait à Borges. Comme le monde du romancier, celui du physicien est très complexe, puisque tous les dénouements quantiques se réalisent. En revanche, la théorie qui décrit ce monde est simple, en tout cas plus simple que celle que défendent les adeptes de l'interprétation de von Neumann-Dirac. C'est que, dans la théorie d'Everett, il n'est plus nécessaire d'introduire de manière *ad hoc* l'effondrement de la fonction d'onde. Est-elle pour autant crédible ? Cela est sujet à débat, bien sûr. En tout cas, elle fait les mêmes prédictions que celle de von Neumann-Dirac, estime Everett. Il n'est donc pas possible de les distinguer expérimentalement. Certes, elle va à l'encontre du sens commun : Everett reconnaît que cette coexistence de différents états de conscience peut paraître étrange. Mais depuis quand les physiciens doivent-ils se fier au sens commun ? s'empresse-t-il d'ajouter. Quand Copernic avait suggéré que la Terre tourne autour du Soleil, cette hypothèse ne fut-elle pas critiquée sous prétexte que personne ne ressentait le mouvement de la Terre ? Ces critiques étaient-elles fondées ? Non, bien sûr, avance Everett. Moralité, la physique n'est pas là pour justifier le sens commun. Si la coexistence de plusieurs branches de la fonction d'onde découle du formalisme de la mécanique quantique, quelle raison aurait-on de la refuser sous prétexte qu'on n'en éprouve pas de sensation ? Aucune, conclut Everett.

Pour cohérente que soit son approche sur un plan formel, force est de constater qu'Everett laisse les physiciens dubitatifs. Comment différentes branches, contenant différents résultats expérimentaux et différents états de conscience de différents observateurs, peuvent-elles coexister ? Ce n'est pas très clair. Certes, Everett constate qu'elles coexistent au sein de la fonction d'onde universelle et en déduit qu'elles coexistent dans la réalité puisque, selon lui, la fonction d'onde décrit parfaitement la réalité. Mais si ces branches existent bien dans le formalisme mathématique, que représentent-elles physiquement ? Everett ne le dit pas : il n'offre pas d'explication de la façon dont son interprétation s'accorde avec notre perception usuelle du monde. Il n'est donc pas complètement surprenant de constater que sa thèse ait, dans un premier temps, été laissée de côté par la communauté scientifique. D'ailleurs, il n'est toujours pas facile, cinquante ans après, de comprendre ce qu'Everett voulait précisément dire quand il parlait des états de conscience relatifs. D'un côté, on peut déceler dans son approche une certaine logique ; d'un autre côté, on ne sait pas trop ce que cette conception implique au niveau usuel des crayons, des chaises, des tables, et autres objets quotidiens. C'est un peu comme si notre esprit était scindé en deux états de conscience : l'un comprend, l'autre non. Ce pourrait être la preuve que les idées d'Everett sont correctes. Sauf que, chez lui, il n'y a pas de communication entre les différents états de conscience.

En tout cas, il est sûr qu'Everett ne parle jamais officiellement d'univers parallèles. Il semble que, pour lui, il n'y a qu'un seul univers avec beaucoup d'états de conscience, les uns et les autres évoluant sur des branches différentes. Cela est corroboré par une remarque qu'il fit à propos d'une objection adressée par Einstein à l'interprétation de von Neumann-Dirac. Le père de la relativité aimait faire remarquer que, si cette interprétation était correcte, une souris observant la Lune pourrait provoquer un effondrement de sa fonction d'onde et donc modifier l'état dans lequel cet astre se trouve. Einstein pensait ridiculiser l'interprétation de von Neumann-Dirac en soulignant ainsi qu'une souris pourrait affecter une bonne partie de l'univers rien qu'en le regardant ! Or Everett reprend cette parabole et affirme que, du point de vue de sa propre interprétation, ce n'est pas la Lune qui est affectée par une observation, c'est la souris qui peut se retrouver dans différents états de conscience. Ce qui suggère qu'il ne faut pas considérer l'interprétation d'Everett en termes de mondes multiples ou d'univers parallèles, mais en termes de points de vue multiples, voire d'états de conscience démultipliés. Du moins, il semble que ce soit sa position jusque dans les années 1970 quand l'idée d'univers parallèles fait sa véritable entrée sous la plume d'autres physiciens.

**L'interprétation de DeWitt**

Le regain d'intérêt envers la thèse d'Everett est principalement dû à Bryce DeWitt. D'abord réticent envers cette thèse qu'il connaît depuis 1957, ce physicien, après quelques années de réflexion, a fini par lui accorder un grand crédit et par y faire référence dans certaines de ses publications. En 1970, il essaie de mieux la faire connaître en lui consacrant un article dans la revue *Physics Today*. Puis, en 1973, il fait paraître un recueil de textes de et sur Everett. L'ouvrage, qui s'intitule *L'Interprétation mondes-multiples de la mécanique quantique* (*The Many-Worlds Interpretation of Quantum Mechanics*), va jouer un grand rôle dans la diffusion de cette interprétation. Mais, comme cela apparaît clairement dans le titre, et dans les articles de DeWitt, elle est désormais assortie du concept de mondes multiples. Implicitement, DeWitt assimile les multiples branches de la fonction d'onde à des mondes ou univers distincts. À chaque fois que plusieurs branches apparaissent dans la fonction d'onde, DeWitt avance que l'univers se scinde en autant d'univers qu'il y a de branches. Par exemple, dans l'expérience du chat de Schrödinger, deux univers apparaissent : dans l'un, le chat est mort ; dans l'autre, il est vivant.

Ce type de scission doit se produire à chaque fois qu'une fonction d'onde en vient à se décomposer en plusieurs branches. Par exemple, chaque fois qu'un atome peut passer d'un état d'énergie à un autre, un univers se scinde en au moins deux univers : un univers où la transition se serait produite et un autre où ce ne serait pas encore le cas. Même processus quand un photon, c'est-à-dire un corpuscule de lumière, frappe un objet : il y aurait un univers où le photon serait polarisé d'une certaine manière et un univers où il serait polarisé d'une autre. Quand un nombre relativement petit de scissions s'est produit, les univers qui en résultent sont très peu différents les uns des autres. Ils diffèrent juste au niveau de l'état de certaines entités quantiques. La plupart du temps, ces différences ne vous concernent pas directement. Comme le nombre de scissions se produisant à tout instant est faramineux, il faut en conclure qu'il existe un nombre tout aussi faramineux d'univers contenant des copies de vous-même, exactement en train de faire ce que vous faites actuellement : lire ce livre. Parfois, juste après une seule scission, la différence entre univers peut avoir quelques incidences au niveau macroscopique, comme dans le cas où apparaissent d'un coup un univers avec un chat mort et un univers avec un chat vivant. Mais, là également, si ces différences ne vous concernent pas, ce type de scission entraîne toujours l'existence d'un nombre faramineux de copies de vous-même.

En revanche, il se peut que ce soit au niveau de votre cerveau, et donc de vos décisions, ou dans votre environnement tout proche, que les variations se produisent. Du coup, si, dans une série d'univers, vous avez commencé à lire ce livre, dans une autre série d'univers, vous ne l'avez pas encore commencé. Ce nombre de bifurcations est gigantesque : tous les possibles qui se sont un jour offerts à vous se sont réalisés dans des univers différents. Dans une série d'univers, vous ne vous êtes même pas procuré ce livre ; dans une série d'univers, vous n'avez pas appris à lire ; dans une série d'univers, vous êtes décédé en bas âge ; et ainsi de suite. En remontant encore davantage le cours de l'histoire, on arrive à des séries d'univers où vous n'avez jamais existé, où les Allemands ont gagné la Première Guerre mondiale, où les dinosaures existent toujours, etc. Cet incessant processus de scission d'univers – avec ou sans vous – implique que leur nombre est tout simplement prodigieux : il y aurait actuellement, pour un univers initial vieux de quelques milliards d'années – la théorie de DeWitt ne remet pas en cause celle du big bang –, des milliards de milliards de milliards… d'univers que l'on peut représenter sous la forme d'une structure arborescente avec cet univers initial à la base.

On peut, bien sûr, se demander où se trouvent tous ces univers. La réponse est toute simple : ici ! Ils se trouvent tous à l'endroit même où l'univers dans lequel vous vivez se situe. Pourquoi ne les voyons-nous pas ou ne les ressentons-nous pas ? Rien de surprenant à cela. DeWitt estime que, les différentes branches de la fonction d'onde étant globalement incapables d'interférer entre elles, les différents univers ne peuvent pas interagir. Par conséquent, ils peuvent très bien occuper le même espace. Toujours pas convaincu ? Voici une analogie, suggérée par le physicien Steven Weinberg, qui aide à mieux comprendre la situation. Tout autour de nous, il y a des centaines d'ondes radio diffusées par des émetteurs divers. Pourtant, en allumant notre radio, nous n'entendons qu'une seule fréquence, celle qui correspond au réglage de notre récepteur. De la même manière, il y aurait une quantité faramineuse d'univers parallèles coexistant au même endroit, mais on ne peut pas tous les percevoir parce que leur « fréquence » ne nous correspond pas. Nous n'en percevrions qu'un seul, le nôtre. Quant à eux, nos doubles ne percevraient que le leur. Il en serait de même pour tous les êtres existants.

Quand DeWitt fit connaître cette interprétation multimonde, il prit contact avec Everett, notamment pour la publication de son recueil. Everett ne pouvait ignorer que cette interprétation était présentée comme découlant directement de ses propres travaux. DeWitt faisait même comme si l'interprétation d'Everett et la sienne étaient identiques. Or jamais Everett ne prit officiellement position contre cette assimilation, même si, en privé, il laissa des témoignages contradictoires, signifiant tantôt qu'il croyait à l'existence d'univers parallèles, tantôt qu'il n'y croyait pas. En tout cas, il lui arriva de broder sur cette interprétation et de laisser entendre que celle-ci garantissait l'immortalité de chacun d'entre nous. Il pensait en effet que, pour chaque petite transformation du corps vers un état de vieillissement plus avancé, il doit exister une autre transformation de la même partie du corps qui ne correspond à aucun vieillissement. Ces transformations sont nécessairement le résultat de phénomènes quantiques : elles doivent donc être toutes représentées sur la fonction d'onde de notre corps. Il y a ainsi des mondes où notre corps vieillit, des mondes où il vieillit plus lentement, et des mondes, certes très peu probables mais néanmoins existants, où il ne vieillit pas. Bref, il existe des mondes où nous sommes immortels !

Everett semble avoir cru en cette immortalité, comme en témoignent les circonstances de la fin tragique de sa fille. Aussi grand fumeur que grand buveur et adepte de repas bien gras (il contestait d'ailleurs très fortement la théorie attribuant un caractère néfaste pour la santé au cholestérol), Everett meurt d'une crise cardiaque à l'âge de cinquante et un ans. Nous sommes en 1982. En 1996, sa fille se suicide. Elle laisse une note où il est écrit qu'elle va rejoindre son père dans un univers parallèle. Ce qui indique bien qu'elle l'imaginait encore vivant, dans un autre univers. On peut imaginer que c'est son père qui lui ait mis cette idée dans la tête ? En tout cas, cette idée de retrouvailles a certainement permis à sa fille de concevoir un dénouement heureux à un acte de désespoir. La triste ironie de cette histoire est que son père ne croyait pas qu'il puisse y avoir de communication entre les différentes branches de la fonction d'onde, et *a fortiori* entre les univers parallèles. Everett n'avait donc pas tout expliqué à sa fille. Ce qui n'est pas surprenant quand on sait que, tout au long de sa vie, il n'a quasi jamais communiqué avec ses deux enfants qui vivaient pourtant avec lui !

## Les univers parallèles en débat

Les idées de DeWitt ont très rapidement un fort impact dans le monde… de la science-fiction. La situation est moins brillante du côté des laboratoires de physique. L'approche d'Everett n'avait déjà pas été très appréciée. La thèse d'une multiplication incessante du nombre d'univers apparaît encore plus difficile à digérer. Pour nombre de physiciens, elle est trop extravagante pour être crédible. Certes, beaucoup sont d'accord avec Everett pour dire qu'il faut se méfier du sens commun. Mais, dans ces années 1970, DeWitt leur donne l'impression d'être allé un peu trop loin en termes de spéculations (remarquons que la situation est différente chez les cosmologistes, cf. chapitre 4). En outre, à cette frilosité conceptuelle s'ajoutent des critiques plus techniques. Les promoteurs des univers parallèles sont notamment confrontés au problème de la « base préférée » et à celui des probabilités. De quoi s'agit-il ?

En admettant que les différentes branches d'une fonction d'onde perdurent au cours du temps, il est difficile d'empêcher ces branches d'interagir entre elles. C'est cette interaction qui explique, par exemple, que l'électron adopte un comportement ondulatoire et qu'il ne se situe pas en un ou deux endroits seulement : il est dans une position indéfinie. C'est la même chose pour le chat de Schrödinger. Il n'est pas dans deux états clairement distincts à la fois (mort *et* vivant). Il est dans un certain état de superposition – difficile à définir – de ces deux états. Ces interférences entre états ont bien sûr une traduction sur le plan formel. Il est en effet possible de réécrire la fonction d'onde de sorte que les états que l'on somme ne soient pas des états bien définis (par exemple, un chat mort ou un chat vivant), mais soient eux-mêmes des sommes de ces états bien définis (par exemple, un des termes de la fonction d'onde peut déjà représenter une superposition de chat mort et de chat vivant). Le problème est que, si une fonction d'onde peut être décomposée de plusieurs manières, on ne sait plus quels sont les termes censés représenter la réalité. Aucune description n'est apparemment meilleure qu'une autre. Pourquoi faut-il que ce soit celle qui fasse intervenir les états macroscopiques usuels (un chat mort et un chat vivant) ? Or, quand DeWitt dit que le monde se scinde en plusieurs univers, ce processus se fait toujours suivant des états qui correspondent à des situations classiques dans le monde macroscopique. Pourquoi ? C'est ce que l'on appelle le problème de la base préférée.

L'autre grand problème auquel est confrontée l'approche de DeWitt est lié à la notion de probabilité. Comme on l'a vu, en mécanique quantique, on ne peut pas prédire exactement le résultat d'une expérience ; par exemple, déterminer la position d'une particule. On peut seulement déterminer la probabilité qu'elle aura de se trouver à tel ou tel endroit. Si on monte une expérience dans laquelle une particule a une chance sur trois de se trouver dans la position A et deux chances sur trois dans la position B, et si on réalise quinze fois l'expérience, on retrouvera très probablement cinq fois la particule dans la position A et dix fois dans la position B (il se peut que l'on retrouve toutes les particules dans la position A ou B, mais ce résultat est très peu, vraiment très peu probable). Ce genre d'expérience fonctionne parfaitement. C'est le grand succès de la mécanique quantique. Maintenant, dans le cadre de l'interprétation de DeWitt, pour chaque mesure, il y aura un univers où la particule sera dans la position A et un univers où elle sera dans la position B. Il n'y aura jamais davantage de particules dans la position B que dans la position A. Du coup, comment rendre compte des probabilités définies par la mécanique quantique et vérifiées expérimentalement ? Ce n'est pas clair. Voilà ce qu'on appelle le problème des probabilités.

Confrontée à ces deux problèmes, la thèse des univers parallèles ne semblait pas avoir un avenir prometteur. Heureusement pour elle, le vent va tourner à partir des années 1990. Un physicien en particulier va jouer un rôle fondamental dans son retour en grâce. Il s'agit de David Deutsch. Selon cet ancien étudiant de DeWitt, l'existence des univers parallèles ne fait aucun doute. Mais il estime nécessaire d'en donner une image plus cohérente. Notamment, il montre qu'il n'y a pas besoin d'imaginer que l'univers ou plutôt les univers se scindent continuellement en un nombre toujours plus grand d'univers. À ses yeux, il est plus logique de considérer qu'un très grand nombre, voire une infinité, d'univers a toujours existé et que, à chaque transition quantique, les différents termes d'une fonction d'onde sont distribués sur ces univers parallèles déjà existants. Ce qui veut dire qu'au début des temps tous les univers auraient été identiques. Puis, au fur et à mesure que des transitions quantiques se seraient produites, les univers se seraient différenciés suivant les différents états quantiques possibles.

Cette nouvelle conception, où les univers ne fissionnent pas mais se différencient, a une incidence directe sur le problème des probabilités. Maintenant, l'action de mettre le chat dans la sinistre boîte ne se produit pas dans un seul univers, mais dans plusieurs. Une fois dans la boîte avec l'élément radioactif, le félin va se retrouver mort dans la moitié de ces univers et vivant dans l'autre moitié. Même changement de perspective avec l'exemple d'une particule pouvant se trouver dans la position A ou B. Dans un tiers des univers où cette particule est en jeu, elle se trouve dans la position A et, dans les deux autres tiers, elle se trouve dans la position B. Cette idée d'une coexistence d'univers parallèles permet ainsi de redonner un sens aux probabilités quantiques : elles correspondent désormais à la distribution ou à la proportion des univers dans lesquels telle ou telle entité quantique se retrouve dans tel ou tel état[1].

1. Pour redonner tout leur sens aux probabilités, certains chercheurs estiment qu'il faut également montrer que, dans chaque univers, tout observateur retrouve les mêmes probabilités que celles prescrites par le postulat de

Le retour de la thèse des univers parallèles sur le devant de la scène va également être favorisé par les grandes avancées de la théorie de la décohérence au cours des années 1990. C'est une théorie, ou, si l'on préfère, une composante de la théorie de la mécanique quantique, qui s'intéresse aux interactions entre les entités quantiques et leur environnement. Elle part d'une remarque toute simple : un chat est en contact permanent avec les molécules de l'air. Si ce chat est dans une superposition d'états, mort et vivant, il y a, comme on l'a vu, des interférences entre ces états (on parle alors de cohérence entre les états). Mais la théorie de la décohérence montre que la moindre interaction – une collision avec une seule molécule d'air – est suffisante pour mettre très rapidement un terme à ces interférences, c'est-à-dire à la cohérence (d'où le nom de cette théorie). En perturbant la fonction d'onde, même très légèrement, l'interaction a tout simplement découplé ses différentes branches de sorte que les seuls états qui ont une signification physique sont les états dits classiques, ceux qui correspondent à notre rapport usuel au monde.

Beaucoup de physiciens voient aussitôt dans cette théorie de la décohérence l'explication de l'effondrement

l'effondrement de la fonction d'onde. De fait, personne ne peut observer que la proportion des univers parallèles respecte les probabilités définies par la fonction d'onde. En adoptant une interprétation subjectiviste des probabilités, c'est ce qu'essaient de faire des physiciens ou des philosophes comme David Deutsch, David Wallace ou Simon Saunders, tous chercheurs à Oxford. D'où parfois l'utilisation de l'expression « école d'Oxford » pour caractériser les adeptes de ce type d'approche.

de la fonction d'onde. Il ne leur est plus nécessaire d'imaginer qu'un mystérieux processus serait responsable de la sélection de l'état que l'on va observer, que ce processus soit lié ou non à une conscience. C'est désormais l'interaction avec le monde extérieur qui fait que seuls les termes correspondant au monde classique se retrouvent dans la fonction d'onde. La raison pour laquelle l'on retrouve toujours les crayons, les chaises et les tables dans des états bien définis paraît moins énigmatique. Mais cela n'explique pas tout. La décohérence ne résout pas le problème fondamental qui tracassait tant Einstein : si elle explique pourquoi seuls les états correspondant aux situations classiques demeurent dans la fonction d'onde, elle ne dit pas comment la nature choisit tel ou tel état. Même avec la théorie de la décohérence, Dieu semble toujours jouer aux dés ! Quand les molécules de l'air viennent caresser le chat, elles font très rapidement disparaître tous les états qui sont des superpositions de l'état vivant et de l'état mort, mais la façon dont elles feraient en sorte que le chat se retrouve dans un seul état (mort ou vivant) reste toujours aussi mystérieuse. La théorie de la décohérence dit simplement que les deux états n'interfèrent plus entre eux. Elle ne dit pas que l'un disparaît au profit de l'autre.

Malgré cette limite, ou plutôt à cause d'elle, la théorie de la décohérence est une aubaine pour les univers parallèles. En expliquant pourquoi les superpositions correspondent aux états classiques du monde macroscopique, non seulement elle résout le problème de la base préférée mais elle conforte l'idée d'une persistance des différentes branches de la fonction d'onde. C'est ce qui explique que beaucoup de physiciens prennent désormais très au sérieux la thèse des univers parallèles. Reste à savoir s'il est possible d'avoir une corroboration expérimentale de l'existence d'une telle profusion d'univers.

## Le suicide quantique

DeWitt estimait qu'il est impossible de distinguer expérimentalement l'interprétation d'Everett et celle de von Neumann-Dirac. L'adhésion à l'hypothèse des univers parallèles devait se faire uniquement pour des raisons théoriques. Ce n'est plus le cas. Du moins, c'est ce que croient certains chercheurs, à commencer par David Deutsch. Ce physicien souligne d'abord qu'il n'y aurait pas grand intérêt à postuler l'existence des univers parallèles s'ils n'interagissaient pas entre eux. C'est bien parce qu'il y a interaction que le comportement des entités quantiques nous paraît, selon lui, si étrange. Ensuite, et plus fondamentalement, Deutsch avance que l'interprétation d'Everett et celle de von Neumann-Dirac ne font pas toujours les mêmes prédictions. Prenons le cas d'une entité quantique qui traverse une paroi percée de deux trous et qui arrive sur un écran. Dans l'interprétation de von Neumann-Dirac, elle passerait par les deux trous à la fois – d'où l'apparent comportement ondulatoire – avant de se réunir pour venir frapper l'écran en un seul endroit. Selon l'interprétation d'Everett, l'entité quantique passerait par un trou dans une série d'univers et par l'autre trou dans une autre série d'univers interagissant avec les précédents, pour finalement venir frapper l'écran au même endroit dans tous les univers. Si l'entité quantique pouvait garder en mémoire son cheminement, elle pourrait permettre de déterminer lequel de ces scénarios est correct. Bien sûr, il est pour l'instant impossible de mettre sur pied une telle expérience, mais uniquement pour des raisons techniques. Deutsch espère que la mise sur pied d'ordinateurs quantiques permettra de réaliser des expériences où des systèmes quantiques auront une mémoire. Alors, on pourra tester la théorie d'Everett et éventuellement la réfuter. En attendant, y a-t-il d'autres moyens de se convaincre sans ambiguïté de l'existence d'univers parallèles ? Il existe peut-être une expérience. Malheureusement, elle est risquée et n'est pas pour les âmes sensibles.

Cette expérience a été imaginée dès les années 1980 et popularisée en 1997 sous la plume du physicien Max Tegmark. D'une certaine manière, elle consiste à se mettre à la place du chat de Schrödinger. Personne ne s'était intéressé jusque-là au point de vue du pauvre félin. Or ce changement de perspective est potentiellement très instructif. Pour que l'expérience soit plus probante, et littéralement plus percutante, il faut la modifier un peu en remplaçant la fiole contenant un gaz mortel par un pistolet qui peut provoquer la mort instantanée du cobaye… vous, par exemple, puisqu'il est bien connu que vous êtes totalement dévoué à la connaissance. Mais, comme dans l'expérience de Schrödinger, c'est toujours un mécanisme quantique qui déclenche l'arme fatale : ici, à chaque fois que vous appuyez sur la détente, le spin d'une entité quantique est mesuré ; s'il vaut 1/2, le coup part ; s'il vaut –1/2, la balle reste dans le chargeur ; vous entendez juste un petit clic.

Maintenant, passons aux choses sérieuses. Vous commencez l'expérience et vous entendez un clic : le coup n'est pas parti. Vous refaites l'expérience, et surprise... même résultat. Vous refaites encore l'expérience et... là encore, même résultat. À ce moment, vous commencez à suspecter que votre pistolet ou le mécanisme pour mesurer le spin de l'entité quantique ne fonctionne pas correctement. Vous refaites l'expérience plusieurs fois de suite sans vous placer devant votre pistolet. De façon aléatoire, il tire des balles. Tout semble marcher. Vous replacez alors le canon en direction de votre tempe et remettez la machine en marche. Vous entendez un clic, une fois, deux fois... dix fois. Faut-il en conclure que la machine se dérègle à chaque fois que vous mettez votre vie en jeu ? Rien ne permet de le penser. En revanche, ce phénomène indique très fortement que les univers parallèles existent. En effet, à chaque fois que vous avez effectué l'expérience, votre histoire s'est séparée en deux : dans une série d'univers, la machine associée au pistolet a mesuré un spin de 1/2 et le coup est parti. Le résultat a été sans équivoque : dans tous ces univers, vous vous êtes retrouvé au sol, des morceaux de cervelle décorant les murs du laboratoire. Bien sûr, de tout cela vous n'avez pas conscience : la mort instantanée ne vous laisse pas goûter à ce spectacle macabre. Mais, dans une autre série d'univers, la machine associée au pistolet a mesuré un spin de –1/2 à chaque fois que vous avez appuyé sur la détente. Du coup, il ne s'est jamais rien passé. À chaque fois, vous êtes resté en vie. Vous avez donc encore refait l'expérience, et le même processus s'est reproduit. Résultat : il y a toujours une série d'univers où vous êtes vivant après avoir tenté de vous suicider un nombre indéfini de fois.

Comme il serait vraiment trop extraordinaire que vous ayez pu survivre juste par chance, vous êtes maintenant convaincu de l'existence des univers parallèles. Il ne vous reste plus qu'à essayer de convaincre la communauté scientifique. Vous pouvez bien sûr lui raconter votre histoire. Il est probable que les grincheux ne vous croiront pas. Du coup, vous décidez de refaire l'expérience devant eux. Mais à peine aurez-vous refait une seule fois l'expérience que, dans toute une série d'univers, les spectateurs que vous vouliez convaincre constateront que vous êtes mort. Ils se diront que vous deviez être bien dérangé de l'esprit pour avoir l'idée d'une telle expérience absurde et fatale. Puis ils se reprocheront de vous avoir laissé la mettre sur pied. Ils se diront qu'il faut toujours se méfier des personnes trop exaltées par les théories scientifiques. En somme, cette expérience ne peut convaincre qu'une seule personne : celui qui en est le cobaye. Le plus grave est que, dans tous les univers où vous êtes décédé, vous laissez une famille et des proches inconsolables[1].

1. En raison des conséquences forcément funestes de cette expérience dans une grande quantité d'univers, il est parfois déconseillé de la mentionner dans des livres de vulgarisation scientifique au cas où des lecteurs aux compétences limitées en mécanique quantique seraient tentés de passer à l'acte. Nous estimons toutefois qu'il n'y a aucune raison de penser que les spécialistes soient toujours plus réfléchis que les non-spécialistes.

Si ce sentimentalisme ne vous retient pas, mais si l'amour de la science n'est pas suffisant pour vous inciter à faire l'expérience, vous pouvez toujours l'assortir d'un pari d'argent. Vous vous mettez devant le pistolet et vous pariez 100 dollars avec un sceptique que vous allez survivre. Si vous mourez, il empoche vos 100 dollars ; si vous survivez, c'est lui qui vous donne 100 dollars. Après avoir refait plusieurs fois de suite l'expérience, vous serez mort dans toute une série d'univers, et le sceptique, conforté dans son scepticisme, aura touché 100 dollars. Qu'importe puisque, dans toute une autre série d'univers, vous finirez riche ! Alors ? Prêt à tenter cette roulette russe quantique ? Peut-être vaut-il mieux attendre la fin du livre avant de vous décider…

## Chapitre 4

# Les raisonnements anthropiques

De nos jours, les scientifiques, et en particulier les cosmologistes, sont loin d'être tous des croyants, au sens usuel du terme : beaucoup ne vont pas à l'église, ne font pas de prières et ne croient pas en un être transcendant. Mais ils ne peuvent pas s'empêcher de faire référence à Dieu. C'est Albert Einstein, le père de la relativité restreinte et générale, qui se demande si Dieu ne joue pas aux dés ; c'est Stephen Hawking, le plus médiatique des cosmologistes, qui prétend que nous allons bientôt connaître l'esprit de Dieu ; c'est Leon Lederman, Prix Nobel de physique en 1988, qui écrit un livre intitulé *The God Particle* (littéralement *La Particule divine*) à propos d'une particule élémentaire ; c'est George Smoot, Prix Nobel de physique en 2006, qui déclare qu'observer en détail le rayonnement à 3 K revient à voir la face de Dieu. Et ainsi de suite.

Le Dieu qu'ils évoquent n'est pas le Dieu personnel des religions monothéistes. C'est plutôt une intelligence cosmique responsable de la création de l'univers et des lois de la nature. Cette évocation est très souvent d'ordre rhétorique et ne doit pas être interprétée au pied de la lettre ; d'autant plus que ces scientifiques qui font référence à Dieu peuvent parfois se dire agnostiques ou athées. L'apparition récurrente de ces références théologiques n'en traduit pas moins un état d'esprit et une obsession des scientifiques modernes, et en particulier des cosmologistes. D'abord, elle reflète le malin plaisir qu'ont ces derniers à prendre la place des théologiens. Ensuite, elle indique que, pour eux, l'univers manifeste un ordre dont ils sont les découvreurs. Forts de ce statut privilégié qu'ils s'attribuent, ils s'évertuent, tels des apôtres, à transmettre au commun des mortels les bribes de cette organisation qu'ils entraperçoivent. Livre de vulgarisation après livre de vulgarisation, les secrets du cosmos sont ainsi révélés au grand public, qui parfois écoute les scientifiques comme jadis on dressait l'oreille aux oracles.

Les cosmologistes voulant occuper la place des théologiens, il n'est pas surprenant que ces derniers aient contre-attaqué. Non pas en rejetant les théories cosmologiques au profit de leurs textes sacrés (bien que cela arrive). Mais, en se plaçant sur le terrain même des cosmologistes, certains théologiens cherchent désormais à montrer que l'étude de l'univers conduit à reconnaître l'existence d'un être divin. Cette démarche n'est pas fondamentalement nouvelle. Qu'il soit possible de déceler dans la nature les traces d'une intervention divine fut la grande prétention de la théologie naturelle. Notamment, de nombreux théologiens avançaient que l'infinie pluralité des mondes ou l'infinie complexité des êtres vivants témoignaient en faveur de l'existence d'un

Dieu créateur tout-puissant. Cette approche a connu son heure de gloire entre le XVII^e et le XIX^e siècle. À la fin du XIX^e et au début du XX^e siècle, ce fut plutôt l'idée d'un commencement de l'univers qui fut parfois interprétée théologiquement : certains croyants affirmaient que l'origine de l'univers ne pouvait s'expliquer que par l'existence d'un être transcendant. Cette démarche était tombée en désuétude ensuite, les théologiens préférant ne pas avoir à s'appuyer sur l'étude du cosmos pour justifier leur foi.

Mais voilà que cette approche resurgit à la toute fin du XX^e siècle. Les débats tournent désormais autour d'un étonnant ajustement des paramètres de l'univers au développement de la vie. L'idée est que, si les valeurs des paramètres de l'univers (masse des particules élémentaires, intensité des forces, etc.) avaient été très légèrement différentes de ce qu'elles sont, la vie n'aurait pas pu se développer sur une planète. Nous ne serions, nous les humains, pas là pour en parler. Comment expliquer cet extraordinaire ajustement ? Certains cosmologistes veulent y voir un indice de l'existence d'une pluralité d'univers, chacun ayant des paramètres avec des valeurs différentes. Certains théologiens, et des cosmologistes sensibles à leur perspective, y voient au contraire la main de Dieu. C'est un être transcendant qui aurait fixé la valeur précise des paramètres de l'univers pour que la vie et des êtres doués de conscience aient pu apparaître. Comment en est-on arrivé à cette nouvelle joute théologico-cosmologique ?

## Les grands nombres

Les nombres peuvent fasciner. Dans l'Antiquité, les pythagoriciens prétendaient qu'ils étaient moins des entités abstraites que le principe même des choses. Au fil de l'histoire, l'idée effleurera régulièrement de grands esprits. Au XX^e^ siècle, elle réapparaît en cosmologie avec Hermann Weyl. En 1919 précisément, ce mathématicien établit le rapport de plusieurs quantités physiques disparates – par exemple, l'intensité de la force électromagnétique d'un électron sur celle de sa force gravitationnelle – et retombe régulièrement, à sa grande surprise, sur la valeur $10^{40}$ (10 multiplié par 10, quarante fois). C'est une coïncidence que rien ne justifie. Cela, estime-t-il, doit signifier quelque chose. Mais quoi ?

En 1923, le physicien Arthur Eddington entre dans la danse. Établissant également plusieurs rapports entre grandeurs disparates, il montre que ces « grands nombres » sont, là aussi, proches d'une puissance de $10^{40}$ : principalement, c'est soit 1 ($10^{40}$ à la puissance 0 ; tout nombre *a* mis à la puissance zéro est de fait égal à l'unité, $a^0 = 1$) ; soit $10^{40}$ ($10^{40}$ à la puissance 1) ; soit $10^{80}$ ($10^{40}$ au carré). Eddington cherche à son tour à expliquer ces coïncidences. Selon lui, elles refléteraient un lien intime entre les caractéristiques globales de l'univers et les propriétés des particules élémentaires. Comme aucune théorie existante ne rend compte d'un tel lien, il se met à développer sa propre approche du problème. Cosmologiste influencé par ce qu'on appelle l'idéalisme en philosophie, il estime que le succès des mathématiques en science est dû à ce qu'elles sont une projection de notre esprit sur le monde. Ce qui implique que, d'une certaine manière, il est possible de connaître le monde *a priori*, simplement en étudiant comment fonctionne notre esprit. À partir de cette conception bien à lui, Eddington déduira le nombre exact (à l'unité près) de protons et d'électrons dans l'univers observable !

À la fin des années 1930, c'est au tour de Paul Dirac, l'un des fondateurs de la mécanique quantique, de s'adonner à ce petit jeu. Là encore, il retombe régulièrement sur le même « nombre magique », $10^{40}$, élevé à une certaine puissance. Un rapport en particulier attire son attention. Le rapport entre l'âge de l'univers et le « temps microscopique » que met la lumière à parcourir un atome. Tout bien réfléchi, ce rapport représente l'âge de l'univers, non plus exprimé en années, mais en « temps microscopique ». Avec les données de l'époque, ce grand nombre est de l'ordre de $10^{40}$. Comme tous les grands nombres sont des puissances de ce $10^{40}$, tous pourraient avoir un lien avec l'âge de l'univers, estime Dirac. Ils pourraient en dépendre physiquement. Puisqu'ils font intervenir différentes constantes, Dirac en vient à postuler que certaines d'entre elles ne sont pas de vraies constantes : elles varieraient avec l'âge de l'univers. Par exemple, il avance que la constante de la gravitation décroît avec le temps. Avec des constantes qui varient, le scénario de l'univers se trouve bousculé. Il n'est désormais plus sûr que les étoiles soient destinées à s'éteindre.

Ces spéculations numérologiques ne seront guère reprises par d'autres physiciens ou cosmologistes, à quelques exceptions près. Ce qui, paradoxalement, ne va pas les empêcher d'avoir un impact important sur la cosmologie, notamment après l'interprétation critique qu'en fait le cosmologiste Robert Dicke au début des années 1960. Reprenant les exemples de Dirac, il avance en effet que l'équivalence entre les grands nombres ne traduirait pas un lien caché entre le cosmos et le monde microscopique. Elle serait une conséquence fortuite de la présence d'êtres vivants dans l'univers ! Que veut-il dire exactement ? Tout simplement que l'équivalence n'apparaît pas à n'importe quelle époque de l'évolution de l'univers, mais seulement lorsque sont réunies les conditions physiques nécessaires à l'apparition de la vie et, accessoirement, à l'existence de physiciens spéculant sur ces grands nombres. Sur quoi se fonde-t-il pour aboutir à cette conclusion ?

Tout part d'un simple constat : la vie et, en particulier, une humanité capable de spéculer sur les grands nombres ne peuvent pas apparaître à n'importe quel moment de l'histoire de l'univers. Il faut qu'un minimum de conditions soient requises. Il faut, par exemple, qu'il y ait du carbone sur Terre pour que la vie se développe. Or le carbone n'a pas été créé au début de l'univers, mais au cœur des étoiles. Ce processus prend du temps. Il faut ensuite que les étoiles explosent, c'est-à-dire forment des supernovæ, et éjectent dans l'espace les éléments qu'elles ont créés en leur sein. Il faut ensuite que ces matériaux en viennent à être intégrés à un nuage de poussière d'où naîtra un système solaire. Il faut enfin que la vie se développe jusqu'à un stade avancé pour que des êtres intelligents apparaissent. L'estimation de la durée de ces divers processus astrophysiques et biologiques permet de définir un âge minimal pour un univers contenant des observateurs, comme les êtres humains. Pour qu'une forme de vie complexe soit présente sur une planète, il ne faut pas non plus que l'univers soit trop vieux. Passé une certaine durée – si on ne suit pas l'interprétation de Dirac –, toutes les étoiles auront effectivement consommé leur carburant et ne fourniront plus le rayonnement nécessaire au maintien de la vie. Par conséquent, un univers contenant des observateurs se situe dans une certaine fourchette temporelle : il ne doit être ni trop jeune ni trop vieux.

Une fois cette réflexion faite, Dicke cherche à définir cette fourchette temporelle. C'est là qu'il retombe sur le nombre magique de Dirac. Il trouve que, pour contenir une forme de vie complexe, le temps minimal et le temps maximal de l'univers sont tous deux, exprimés en temps microscopique, de l'ordre de $10^{40}$. Autrement dit, avec cet « âge » de l'univers estimé à partir du fait qu'il existe des observateurs, Dicke retrouve l'âge de l'univers dont dépendent les grands nombres ! C'est en ce sens que les coïncidences entre les grands nombres semblent être une conséquence de l'existence d'êtres vivants. Ils ne reflètent donc plus un lien profond entre les structures macroscopiques et microscopiques du monde. On observe des coïncidences numériques entre grands nombres tout simplement parce que toutes autres valeurs qu'ils pourraient avoir ne seraient pas compatibles avec l'existence d'observateurs. Les coïncidences peuvent désormais s'interpréter comme un effet de sélection dû à la présence d'observateurs.

Cette interprétation marque une rupture importante avec les spéculations de Weyl, Eddington et Dirac. Ce qui peut expliquer que ce dernier, le seul encore en vie dans les années 1960, ne l'ait guère appréciée. Il décide donc de répondre à Dicke et défend son interprétation en soulignant que, avec des constantes qui varient au cours du temps, la présence de la vie dans l'univers ne connaîtra peut-être pas de fin ! L'approche de Dirac a toutefois très peu de postérité. Ce qui n'est pas le cas de l'article de Dicke. Celui-ci va susciter une longue série de réflexions sur les raisonnements dits « anthropiques ».

## D'un univers particulier à une multitude d'univers

La façon dont a raisonné Dicke pour déconstruire la problématique des grands nombres n'était pas fondamentalement nouvelle. On trouve des traces de raisonnements plus ou moins similaires depuis longtemps. Par exemple, Fontenelle considérait déjà que la Terre ne pouvait pas se trouver n'importe où dans le système solaire : si elle avait été plus proche du Soleil, sa surface serait brûlée ; si elle avait été plus éloignée, sa surface serait gelée. Richard Bentley loua d'ailleurs la sagesse divine pour avoir placé notre planète à la bonne distance du Soleil. Concernant l'univers, et pas seulement le système solaire, les premières applications de ce type de raisonnement sont liées à des considérations thermodynamiques. Au XIX$^{e}$ siècle, le physicien Samuel Tolver Preston estime que nous devons nécessairement nous situer dans une région particulière de l'univers, en l'occurrence une région propice au développement de la vie. Cette région ne peut être représentative de l'univers dans sa totalité, puisque celui-ci doit, selon Preston, être dans un état d'équilibre (ou état d'entropie maximale). Ludwig Boltzmann reprend d'ailleurs à Preston cette idée quand il définit ses poches d'univers : ce sont des régions où la vie est éventuellement possible, comme dans notre poche d'univers à nous. En 1913, le biologiste Lawrence Henderson reprend également cette approche, cette fois-ci pour les propriétés de la matière. Il remarque que nombre d'éléments chimiques, en particulier l'hydrogène, le carbone, l'oxygène, etc., ont exactement les bonnes propriétés pour que la vie ait pu apparaître sur Terre. Il s'étonne de cette conjonction de coïncidences, comme si tout était fait pour que la vie apparaisse !

Toujours au XX$^{e}$ siècle, quelques années avant que Dicke n'utilise ce type de raisonnement pour clarifier la problématique des grands nombres, il revient à Fred Hoyle de montrer toute son utilité en faisant une prédiction sur les propriétés de l'atome de carbone qui va se révéler correcte. En tant qu'opposant à la théorie du big bang, Hoyle cherche à montrer que les éléments chimiques sont formés uniquement dans des processus stellaires. Ce résultat lui permettrait de souligner la supériorité de sa théorie de l'état stationnaire vis-à-vis de sa rivale, qui suppute qu'une partie de ces éléments s'est formée au tout début de l'univers. En 1952, les physiciens viennent justement d'expliquer la transformation de l'hélium en carbone dans les étoiles (trois atomes d'hélium formant un atome de carbone). Hoyle remarque toutefois que, dans les conditions régnant au cœur des étoiles, ce processus ne peut pas produire l'abondance du carbone observée, sauf si le carbone possède un niveau d'énergie bien particulier (chaque atome possède plusieurs niveaux d'énergie). Or ce niveau n'est pas répertorié à l'époque. Comme il faut bien que le carbone soit produit suivant l'abondance observée, Hoyle déclare que ce niveau d'énergie du carbone doit exister et demande aussitôt à des physiciens de mettre sur pied une expérience pour vérifier son existence. La première réaction des physiciens est plus que sceptique. Mais, à force d'insister, Hoyle obtient que des expériences soient effectuées. À la surprise de tout le monde, sauf de Hoyle, ce niveau d'énergie du carbone est mis au jour. Comme quoi, dire de quelle manière la nature doit être permet parfois de découvrir comment elle est !

Si l'approche de Dicke n'est donc pas complètement nouvelle, ni lui ni ceux qui l'ont précédé n'ont tenté d'en comprendre les tenants et aboutissants. C'est ce que va faire le cosmologiste Brandon Carter à partir de la fin des années 1960. Dans l'explication qu'offre Dicke des fameuses coïncidences entre grands nombres, Carter voit une remise en cause de ce qu'on appelle parfois le « principe de Copernic ». Celui-ci stipule que l'homme n'occupe aucune position privilégiée dans l'univers : il habite une planète quelconque, dans un système solaire quelconque, au sein d'une galaxie quelconque et, ajoute-t-on parfois, à une époque quelconque. Ce principe sert, bien sûr, à mettre en garde contre toute théorie attribuant à l'homme une position centrale dans l'univers. Carter n'en nie pas l'intérêt, mais il estime que ce serait pousser trop loin son application que de nier toute spécificité à la position de l'homme. Après tout, l'homme n'est-il pas apparu en un lieu et à un moment favorables à son apparition ? C'est l'évidence même. En ce sens, Carter estime que la situation de l'homme est particulière. En outre, la prise en compte de cette particularité est loin d'être vaine, puisqu'elle a permis à Dicke d'en déduire l'âge approximatif de l'univers. Du coup, Carter se dit que cette approche peut éventuellement permettre de déduire ou de prédire d'autres caractéristiques de l'univers. Il la baptise par l'expression « principe anthropique » : expression maladroite, car c'est plus d'un raisonnement que d'un principe dont il est question. Qu'importe ! Le premier article de Carter sur le sujet est publié en 1974 dans les actes d'un colloque qui s'est tenu en 1973. Ironiquement, ce colloque célébrait le cinq centième anniversaire de la naissance de Copernic.

De ce raisonnement ou principe anthropique Carter propose deux versions, une faible et une forte. C'est la version faible qu'utilisa Dicke pour établir une fourchette temporelle de l'univers en établissant les conditions nécessaires à une présence de la vie sur une planète. Cette version ne cherche pas à prédire les caractéristiques fondamentales de l'univers. Elle cherche simplement à déterminer la situation dans laquelle l'univers se trouve, en prenant en compte le fait que nous pouvons l'observer. Elle a ceci de particulier qu'elle concerne toujours des situations qui ont existé, qui existent ou qui vont exister.

Quant à la seconde version du principe anthropique, elle stipule que les différents paramètres de l'univers doivent avoir telle ou telle valeur afin de permettre l'apparition d'observateurs à un moment donné. Mais, à propos de ces paramètres de l'univers, que veut dire « doivent avoir telle ou telle valeur » ? Cela signifie-t-il que l'univers a été forcé d'adopter telle ou telle propriété ? Forcé par qui ? Par quoi ? Non, ce n'est pas ce qu'avance Carter, malgré une formulation ambiguë. Cette version forte du principe anthropique traduit simplement la nécessité pour un modèle d'univers de pouvoir rendre compte de la présence d'observateurs, ou du moins de la vie. Si vous construisez un modèle d'univers dans lequel aucune vie ne peut apparaître, vous pouvez être sûr qu'il y a quelque chose qui cloche dans ce modèle. Il faut, par exemple, que du carbone puisse apparaître. Si les valeurs des paramètres de l'univers sont telles que le carbone ne peut apparaître, ces valeurs peuvent être exclues. Ce second mode de raisonnement, ou principe anthropique fort, permet ainsi de prédire dans quelles fourchettes doivent être comprises ces valeurs.

Une fois établies ces deux versions du principe anthropique, et défendu leur intérêt, Carter remarque que la seconde a un statut explicatif ambigu. Quand il est question de déterminer l'âge de l'univers, le raisonnement s'opère sur des durées écoulées ou en passe de s'écouler. L'univers a déjà été vieux d'un, deux, trois… milliards d'années, ou il le sera. Tous ces âges sont des possibles déjà réalisés ou en passe d'être réalisés. Ce qui n'est pas forcément le cas avec les valeurs des paramètres de l'univers. Rien n'indique que ces paramètres aient pu ou pourront prendre les valeurs envisagées. Du coup, prédire que tel paramètre doit avoir plus ou moins telle valeur, ou être compris dans telle fourchette, à partir de la prise en compte de notre existence, n'explique pas vraiment pourquoi ce paramètre a telle valeur. Pour expliquer cette valeur, il faudrait établir une théorie d'où cette valeur serait déduite. Mais dire simplement que ce paramètre doit avoir telle valeur pour que j'existe n'est pas complètement satisfaisant aux yeux de Carter. Il ne cache pas sa perplexité. Cependant, il estime que la version forte du principe anthropique peut acquérir le statut d'explication scientifique s'il existe une multiplicité d'univers. Pourquoi ?

L'idée de Carter est simple. S'il existe une multiplicité d'univers avec des paramètres ayant toutes les valeurs possibles, il devient légitime, selon lui, d'affirmer que les paramètres de notre univers doivent avoir des valeurs qui permettent l'apparition de la vie. C'est, en effet, un raisonnement qui s'opère désormais sur des valeurs existantes et pas uniquement potentielles. Le second principe acquiert ainsi un statut épistémologique équivalant à celui du premier, à condition, bien sûr, que cette multitude d'univers existe ! Est-ce le cas ? Carter pense que oui. Il laisse effectivement entendre qu'il y aurait comme une nécessité logique à ce qu'ils existent. Le second principe lui paraît si utile et si pertinent qu'il serait incompréhensible qu'il ne puisse pas être considéré comme scientifique. Il faut donc qu'existe une multiplicité d'univers ! En somme, c'est un argument épistémologique qui pousse Carter à postuler l'existence d'une multiplicité d'univers. Certes, il se sent autorisé à le faire parce qu'il a en tête un modèle d'univers parallèles ou multiples. Mais ce modèle apparaît plus comme une justification *a posteriori* qu'un point de départ de son argumentation.

Quel est ce modèle de multivers auquel pense Carter ? Dans les années 1970, il n'y a pas beaucoup de choix. Il y a bien les univers ou poches d'univers dont Hoyle avait suggéré la possible existence dans les années 1960. Ces derniers auraient éventuellement pu satisfaire Carter puisque les propriétés chimiques sont variables d'un univers ou d'une poche d'univers à l'autre. Mais c'était moins un modèle cosmologique à proprement parler qu'une idée lancée en l'air. Il y a autrement les univers parallèles d'Everett. À l'époque, ils sont loin de jouir d'une grande estime. C'est pourtant à eux que songe Carter. Ce choix est d'autant plus étonnant que, dans ce modèle de multivers, les univers ont *a priori* les mêmes conditions initiales et les mêmes constantes fondamentales. Ce qui change, ce sont les histoires. Dans une série d'univers, le chat meurt ; dans une autre, il est toujours vivant. Il est vrai que, si on se place au tout début de l'univers, ou plutôt au tout début des univers parallèles, quand les paramètres des univers ne sont pas encore tous définis, il est possible de concevoir que tous les possibles en termes de paramètres vont se réaliser. En fonction de telle ou telle transition quantique, tel paramètre prend telle valeur dans une série d'univers, telle autre dans une autre série d'univers. Et ainsi de suite. Il est quand même étrange que Carter n'entre pas dans ces considérations.

Il fait comme s'il était évident que les univers d'Everett se présentent avec une très grande variété de paramètres. Ce qui renforce l'impression que Carter est déterminé à recourir à un modèle d'univers parallèles ou multiples avant tout pour légitimer son principe anthropique fort. Comme il n'a d'autre modèle que celui d'Everett à se mettre sous la dent, il l'adopte.

Avant même la publication de son article en 1974, Carter avait présenté ses réflexions dans des séminaires et en avait fait circuler des manuscrits. Son introduction du principe anthropique et ses idées sur la possible existence d'une multiplicité d'univers étaient donc connues avant cette date. Ce qui explique que, dès 1973, elles peuvent être reprises par C. B. Collins et par Stephen Hawking. Ces deux astrophysiciens se demandent pourquoi l'univers est isotrope, c'est-à-dire pourquoi il nous apparaît identique dans toutes les directions. L'isotropie de l'univers est une hypothèse formulée par Einstein dès 1917 et largement reprise depuis lors. Elle est globalement vérifiée par l'observation des objets célestes sur de grandes échelles et renforcée par la découverte du rayonnement diffus à 3 K en 1965. Pas de doute possible, au début des années 1970, l'univers apparaît bien isotrope. Mais pourquoi ? Comment expliquer cette isotropie ? Telle est la question que se posent Collins et Hawking. Dans leur article, ils font remarquer, premièrement, que seuls les modèles d'univers ayant une densité exactement égale à une densité critique restent isotropes ; deuxièmement, que seuls ces modèles sont propices au développement de la vie. Il se trouve, en effet, qu'un univers ayant une densité supérieure à la densité critique s'effondrerait sur lui-même avant que des galaxies, des étoiles et des planètes aient eu le temps de se former. Un univers avec une densité inférieure aurait, quant à lui, une expansion trop rapide pour permettre à des galaxies, à des étoiles et à des planètes de se former par effondrement gravitationnel. Finalement, de toutes les conditions initiales imaginables, très peu permettent l'apparition de la vie.

Collins et Hawking pourraient prendre cette isotropie comme une donnée brute : c'est comme ça, parce que c'est comme ça. Mais l'explication leur paraît insuffisante. Elle revient à postuler des conditions initiales vraiment spéciales. À la place, ils préfèrent supposer, premièrement, que notre univers fait partie d'un ensemble éventuellement infini d'univers dont les conditions initiales et les valeurs des constantes fondamentales sont toutes différentes les unes des autres ; et, deuxièmement, que nous nous trouvons forcément dans l'un des rares univers propices au développement de la vie, c'est-à-dire isotrope. Ils affirment alors, un peu maladroitement ou par goût de la provocation, que l'observation d'un univers isotrope est une conséquence de notre existence. Pourquoi l'univers est-il isotrope ? Parce que nous existons ! L'argument n'est pas surprenant si l'on reconnaît au préalable l'existence d'une multiplicité d'univers. Sorti de son contexte, il détonnera et suscitera des polémiques (cf. ci-dessous). En tout cas, il est important de noter que leur hypothèse d'une multiplicité d'univers trouve, encore une fois, sa justification dans la nécessité d'expliquer la valeur des paramètres de l'univers. Certes, Collins et Hawking font également référence aux univers parallèles d'Everett, mais ceux-ci semblent, comme chez Carter, moins le point de départ de leur réflexion qu'une justification *a posteriori*.

Jusqu'au début des années 1970, il était évident pour les cosmologistes que tous les modèles d'univers n'étaient pas propices au développement de la vie. Toutes les valeurs des paramètres ne convenaient pas. Mais l'article de Collins et Hawking, en soulignant à quel point un paramètre doit parfois avoir une valeur très précise pour permettre le développement de la vie, marque une évolution de cette problématique. Ces très fortes contraintes sur la valeur des paramètres de l'univers se mettent à susciter beaucoup d'intérêt à la fin des années 1970 et au cours des années 1980. Les cosmologistes vont les répertorier et vont se rendre compte qu'elles concernent un grand nombre de paramètres physiques. Face à tous ces ajustements très fins, une question va se faire de plus en plus pressante. Pourquoi ? Pourquoi tous ces paramètres ont-ils précisément ces valeurs ? C'est tout le problème de l'étonnant ajustement des paramètres de l'univers au développement de la vie[1].

1. Voici quelques exemples d'ajustement. Si le taux d'expansion de l'univers une seconde après le big bang avait été inférieur de un millionième à ce qu'il est censé avoir été, l'univers se serait effondré sur lui-même au bout de quelques centaines de milliers d'années, rendant toute apparition de la vie impossible. Inversement, si l'expansion avait été plus rapide d'un millionième, elle aurait empêché la matière de s'effondrer sur elle-même et de former des étoiles et des galaxies. Là encore, cette situation aurait été rédhibitoire pour l'apparition de la vie. Autre exemple, la masse du neutron est très légèrement supérieure à celle du proton. Si la différence avait été très

Avec Carter, Collins et Hawking, les univers parallèles d'Everett ont été la première réponse. À la fin des années 1970, Martin Rees et Bernard Carr en proposent une deuxième, très similaire. Pour ces deux cosmologistes, il est également possible de faire appel au modèle d'univers cycliques de John Wheeler. Comme on l'a vu (cf. chapitre 2), Wheeler avait avancé que, à chaque fois qu'un univers s'effondre sur lui-même pour renaître de ses cendres, les valeurs de ses paramètres sont modifiées de façon aléatoire. Si improbables que soient les valeurs des paramètres d'un univers propice au développement de la vie, l'existence d'une série d'univers permettrait d'expliquer pourquoi cette situation a pu finalement se produire. L'apparition de notre univers n'aurait plus rien de surprenant.

En somme, à la fin des années 1970, les cosmologistes qui veulent s'appuyer sur l'hypothèse d'une multiplicité d'univers pour expliquer l'ajustement des paramètres de l'univers peuvent recourir à deux modèles de multivers :

---

légèrement plus grande, tous les neutrons se seraient transformés en protons. Or, sans neutron, il ne peut pas y avoir d'atome au-delà de l'hydrogène, donc pas de carbone et, par conséquent, pas de vie. Si la masse du neutron avait été très légèrement inférieure, c'est l'inverse qui se serait produit : les protons se seraient transformés en neutrons au tout début de l'univers. Or, sans proton, pas d'atome et, par conséquent, pas de vie. Dernier exemple, si l'interaction forte, une des quatre interactions fondamentales de la nature, avait été très légèrement supérieure à ce qu'elle est, aucune étoile n'aurait eu une durée de vie suffisamment longue pour laisser le temps à la vie d'apparaître sur une planète. Si l'interaction forte avait été légèrement inférieure à ce qu'elle est, aucun élément plus lourd que l'hydrogène ne se serait formé. Dans ce cas, il est, encore une fois, difficile de concevoir une forme de vie. Et ainsi de suite pour d'autres paramètres de l'univers.

celui des univers parallèles d'Everett et celui des univers cycliques de Wheeler. Notons que Rees et Carr ne disent pas lequel de ces deux modèles a leur préférence. Ils se contentent de souligner qu'ils peuvent tous deux expliquer l'ajustement des paramètres de l'univers. L'important pour ces chercheurs n'est pas de défendre tel ou tel modèle de multivers en particulier, mais de souligner qu'une multiplicité d'univers serait une aubaine pour expliquer l'étonnant ajustement des paramètres de l'univers. Cela dit, à l'époque, cette démarche n'est pas sans soulever des débats.

## Débats autour du principe anthropique

D'abord, face au constat croissant d'un ajustement très précis des paramètres de l'univers, des chercheurs n'ont pas hésité à émettre des doutes sur la nécessité d'en chercher une explication. Selon eux, toutes les questions en « pourquoi » n'auraient pas forcément de sens, ou du moins d'intérêt. Pourquoi ai-je ce nombre de cheveux ? Pourquoi ce nombre de brins d'herbe dans mon jardin ? Pourquoi ce nombre d'atomes de carbone dans l'univers ? Questions vaines ! avancent-ils. Il en serait de même pour les valeurs des paramètres de l'univers. Aussi ces chercheurs préconisent-ils de les prendre comme des données brutes, à accepter comme telles. Certes, au vu de toutes les valeurs possibles, la probabilité qu'ait émergé un univers propice au développement de la vie était très faible. Et alors ? ajoutent-ils. Qu'est-ce qui interdit à un événement très peu probable de se produire ? Il faudrait que cette probabilité soit nulle pour que sa réalisation soit surprenante. Comment un événement censé être impossible s'est-il finalement produit ? Voilà une question intéressante. En revanche, qu'un événement très peu probable se produise n'appellerait en rien une explication. Pour s'en convaincre, il suffirait d'imaginer qu'il y avait une chance sur deux pour qu'un univers propice au développement de la vie apparaisse. Une fois apparu, et ayant permis l'apparition d'individus capables de se poser des questions, personne n'irait se demander pourquoi c'est l'univers propice au développement de la vie qui est apparu et pas un autre. Le fait que la probabilité qu'apparaisse un univers propice au développement de la vie soit en réalité inférieure à un demi – même considérablement inférieure – ne changerait rien à cette situation sur un plan logique. Pourquoi donc se poser des questions ? Notre univers avait très peu de chances de se produire. Mais, voilà, il existe. Un point, c'est tout !

Difficile d'évaluer l'impact de ce type de critiques. En tout cas, elles n'ont pas persuadé tout le monde. Imaginez que vous soyez en train de jouer à pile ou face. La première fois, la pièce tombe sur pile. C'est le hasard, direz-vous. Imaginez alors que vous jouiez encore un millier de fois et que la pièce tombe toujours sur pile. Irez-vous dire que c'est une simple coïncidence ? Après tout, rien n'interdit que des événements très peu probables se produisent. Pourquoi ne serait-ce pas le cas avec cette série de piles ? Cependant, les partisans du questionnement estiment que s'abstenir de chercher à expliquer cet étonnant résultat traduit une certaine fainéantise intellectuelle. Pour eux, il faudrait, par exemple, se demander si la pièce n'est pas truquée. Dans le cas de l'univers, nous nous retrouverions un peu dans la même situation. Renoncer à expliquer l'ajustement de ses paramètres serait faire preuve d'une démission intellectuelle qui irait à l'encontre de ce qui est censé être la démarche scientifique. Ce ne serait pas parce qu'il n'y a pas encore d'explication au fait que l'univers apparaît très finement ajusté au développement de la vie qu'il faudrait interpréter cet ajustement comme une pure coïncidence. Cette situation appellerait une explication.

Alors ? Faut-il se poser des questions ou pas à propos de la valeur des paramètres de l'univers ? Force est de constater que les deux positions ont toujours leurs partisans. Le débat est toutefois moins virulent que celui concernant le principe anthropique, qui a été très mal reçu par certains chercheurs. Vilipendé, conspué, tourné en ridicule, rien ne lui a été épargné. Par exemple, le célèbre paléontologiste Stephen Jay Gould a écrit que le principe anthropique revient à affirmer que les bateaux ont été inventés pour que les bernacles puissent s'y accrocher ! D'autres ont renchéri. Pourquoi pleut-il ? Parce que j'ai ouvert mon parapluie. Pourquoi suis-je malade ? Parce que je prends des médicaments. Pourquoi y a-t-il de l'oxygène ? Parce que nous le respirons. Pourquoi le Soleil brille-t-il ? Parce qu'autrement personne ne pourrait écrire ces âneries. Bref, à travers ce genre de critiques, nombreux ont été ceux qui ont voulu rappeler qu'on ne peut pas expliquer une cause par ses effets. En particulier, on ne peut pas expliquer l'improbabilité des paramètres de notre univers par notre existence. Soit, mais qui a dit cela ? Certainement pas les premiers promoteurs du principe anthropique. Certes, Carter, Collins et Hawking ont écrit que les propriétés de l'univers sont une conséquence de notre existence. De quoi susciter de la perplexité… quand ce type d'affirmation est sorti de son contexte. Mais, comme on l'a vu, ces cosmologistes n'ont jamais voulu dire que l'univers avait pour finalité l'apparition d'êtres humains. Cette critique tombe donc à l'eau, du moins quand elle s'applique à ces chercheurs.

Ensuite, il y a tous ceux qui ont bataillé à propos du mot « anthropique ». Plutôt que de parler de principe anthropique, ne pourrait-on pas parler de principe coléoptère ou de principe de calcaire ? ont-ils ironisé. De fait, les conditions pour qu'apparaissent cet insecte et cette roche sédimentaire ne sont pas radicalement différentes de celles nécessaires à l'émergence des êtres humains. Les premiers comme les seconds ne seraient pas présents sur notre Terre sans l'existence d'éléments chimiques produits à l'intérieur d'étoiles massives et dispersés dans l'espace lors d'explosions de supernovæ. Accoler le terme « anthropique » à ce type de raisonnement pourrait indûment laisser penser qu'il ne concerne que les êtres humains. C'est possible. Mais ce n'était pas l'intention des premiers promoteurs du principe anthropique. Ils raisonnaient sur les conditions minimales pour qu'une forme de vie apparaisse dans l'univers.

Certains critiques du principe anthropique ont également avancé que ce principe serait sans intérêt parce que, tout bien réfléchi, il serait évident ou tautologique. Bien sûr qu'il faut qu'un modèle cosmologique pertinent décrive un univers où au moins la vie soit possible, reconnaissent-ils. Cependant, en quoi ce type de raisonnement serait-il différent de ce qui s'est toujours pratiqué ? Les défenseurs du principe anthropique ne sont pas d'accord. Ils avancent que ce type de raisonnement a bien quelque chose de particulier et qu'il permet d'obtenir des résultats inédits. N'est-ce pas lui qui a permis à Dicke de déterminer une fourchette temporelle pour l'âge de l'univers, sans recourir à des paramètres cosmologiques, comme le taux d'expansion, mais uniquement en prenant en compte des paramètres astrophysiques, comme la durée de vie des étoiles ? Cela était inédit. N'est-ce pas ce type de raisonnement qui a permis à Hoyle de découvrir une propriété inconnue de l'atome de carbone ? Cela était également inédit. Bref, malgré une critique persistante, souvent fondée sur des malentendus, les défenseurs du principe anthropique continuent à maintenir sa spécificité et son utilité.

Est-il pour autant légitime de postuler l'existence d'une multitude d'univers ? Il ne faut jamais oublier que, dès le départ, le principe anthropique est lié directement à cette problématique des univers parallèles ou multiples. C'est lui qui incite à croire à leur existence. On l'a vu avec Carter. On l'a vu avec Collins et Hawking. On l'a évoqué avec Carr et Rees. La raison en est qu'une coexistence d'univers (en référence à Everett) ou une succession d'univers (en référence à Wheeler), ayant tous des paramètres différents, semble permettre d'expliquer l'ajustement très précis des paramètres de notre univers au développement de la vie.

Mais cet argument est-il valable ? C'est ce qu'a mis en cause le philosophe Ian Hacking dans les années 1980. Dans sa critique, il n'a en tête que les univers cycliques de Wheeler. Son raisonnement peut néanmoins s'appliquer aux univers multiples d'Everett.

L'argument précis auquel il s'en prend est le suivant : l'existence de notre univers est, malgré les apparences, d'autant moins improbable qu'il est le dernier d'une série d'univers ayant tous des paramètres différents. Hacking y voit une erreur de raisonnement qu'il désigne par l'expression l'« erreur inverse du parieur » (*inverse gambler's fallacy*) en référence à une erreur de raisonnement probabiliste classique commise par certains parieurs dans les casinos. Cette dernière erreur consiste à considérer, après avoir lancé plusieurs fois deux dés sans obtenir un double six, que la probabilité d'obtenir un double six au prochain coup de dés est plus grande qu'elle ne l'était auparavant, puisque, plus on lance les dés, plus on a de chances d'obtenir un double six. Le parieur qui ferait ce raisonnement oublie que les lancers sont indépendants les uns des autres. À chaque fois qu'il lance les dés, la probabilité d'obtenir un double six est la même pour la simple raison que les dés n'ont pas de mémoire. Hacking imagine alors une erreur inverse que pourrait commettre un parieur et qui ne serait pas sans analogie avec l'argument concernant l'ajustement des paramètres de l'univers.

Supposons que, en arrivant à une table de jeu, un parieur voit un double six comme résultat d'un lancer de dés et qu'on lui demande alors si la partie vient juste de commencer ou s'il y a déjà eu plusieurs lancers de dés. Le parieur pourrait considérer qu'il est très improbable que l'on obtienne un double six du premier coup. Il en conclurait que les dés ont déjà dû être lancés plusieurs fois. Erreur, dit Hacking. Il n'est pas exact qu'un événement peu probable (comme un double six) ait plus de chance de se produire après plusieurs essais qu'après un seul. Une fois encore, c'est oublier que les dés n'ont pas de mémoire. La situation aurait été différente si l'on avait dit au parieur qu'au cours d'une série de lancers de dés au moins une fois un double six était apparu. Il aurait alors pu faire la juste remarque que cet événement est d'autant plus probable que la série est grande. Mais si on lui dit que *ce* lancer correspond à un double six, il ne peut rien conclure sur ce qui s'est passé auparavant. C'est le fait que l'information est spécifique à un lancer particulier qui empêche d'inférer une multitude de lancers. Il n'y a pas d'explication à donner du résultat d'un lancer de dés, si improbable soit-il, puisque tous les résultats des lancers de dés sont également improbables. Pour Hacking, l'argument qui s'appuie sur les univers cycliques de Wheeler pour expliquer l'ajustement des paramètres de l'univers revient à faire la même erreur inverse que celle commise par le parieur : le fait que *cet* univers (le nôtre) est très finement ajusté au développement de la vie est indépendant du nombre d'univers l'ayant précédé. Recourir à une série d'univers n'explique pas l'ajustement de notre univers.

La probabilité que *cet* univers soit propice au développement de la vie est donc indépendante du nombre d'univers. Cette conclusion n'est pas à confondre avec la proposition que, plus il y a d'univers, plus il est probable qu'il en existe au moins un qui soit propice au développement de la vie. L'augmentation du nombre d'univers accroît la seconde probabilité qu'il existe un univers permettant le développement de la vie ; pas la probabilité que *notre* univers permette le développement de la vie. Encore une fois : savoir qu'il existe un univers permettant le développement de la vie donne du crédit à l'hypothèse d'un multivers ; en revanche, savoir que notre univers permet le développement de la vie n'en donne aucune. Imaginons que les cosmologistes découvrent qu'il y a eu plusieurs big bangs, sans en connaître le nombre exact, en plus de celui d'où notre univers émane. S'ils découvrent ensuite qu'au moins un de ces univers nés de ces big bangs est porteur de vie, ils pourront raisonnablement subodorer que le nombre de big bangs est grand. Mais ce n'est pas notre situation. Comme le parieur, dans la situation imaginée par Hacking, nous ne sommes témoins que d'un seul big bang. L'hypothèse d'autres big bangs, si nombreux soient-ils, ne peut influencer la probabilité que le nôtre permette le développement de la vie. Bref, constater que le développement de la vie dans notre univers est très improbable ne garantirait en rien l'existence d'une multitude d'univers.

Cette argumentation de Hacking a donné lieu à un grand nombre de débats, principalement chez les philosophes. Il lui a été reproché, non pas d'avoir décelé à tort une erreur dans le raisonnement des parieurs, mais d'assimiler le raisonnement d'un mauvais parieur à celui qui sert d'appui à la thèse d'une multiplicité d'univers. Ainsi, ce dernier raisonnement ne serait pas identique à celui d'un parieur qui dirait : « Ce lancer de dés a produit un résultat improbable, à savoir un double six ; du coup, il est très probable qu'il soit le dernier d'une longue série. » Le raisonnement qui sert d'appui à la thèse d'une multiplicité d'univers devrait plutôt être comparé à celui d'une personne qui, au début d'une partie de dés, dirait aux autres joueurs : « Je vais faire une sieste ; merci de me réveiller quand vous obtiendrez un double six », et qui, une fois réveillée par les joueurs, leur dirait : « Vous avez dû lancer les dés plusieurs fois ; autrement il est improbable que vous ayez obtenu un double six. » Ce raisonnement est correct. Or ce serait exactement le même raisonnement qui servirait d'appui à la thèse d'une multiplicité d'univers : l'apparition de l'humanité et l'acquisition d'une connaissance scientifique seraient analogues au dormeur qui se réveille et à qui l'on apprend qu'un double six vient d'être obtenu. Si le double six n'était pas apparu, le dormeur n'aurait pas été réveillé et n'aurait pas su ce qui se passait durant le jeu. De même, si la conscience et la connaissance scientifique n'étaient pas apparues, aucun univers n'aurait pu être observé. Il serait donc judicieux de postuler l'existence d'une multiplicité d'univers ayant précédé le nôtre. Mais cette conclusion va être une nouvelle fois contestée.

Dans la nouvelle analogie, la personne qui va faire une sieste fait la supposition que les joueurs vont lancer les dés un grand nombre de fois avant d'obtenir un double six. Sinon, elle ne serait pas partie faire une sieste. Quand on la réveille, il est normal qu'elle en déduise que les joueurs ont lancé les dés un grand nombre de fois. Or, dans le cas de l'univers, il n'est pas question de supposer que l'existence d'un grand nombre d'univers avant le nôtre est très probable. On n'en sait rien. Pour l'affirmer, il faudrait des arguments qui s'appuient sur autre chose que le constat d'un étonnant ajustement des paramètres de l'univers au développement de la vie. Cette analogie ne s'appliquerait donc pas à l'univers.

Pour importants que soient ces débats autour du principe anthropique, force est de constater qu'ils n'ont pas eu d'incidence sur la vision du cosmos qu'avaient la plupart des cosmologistes dans ces années 1970 et 1980. À l'époque, ils sont peu nombreux à se demander si l'improbabilité de notre univers incite ou non à croire à l'existence d'une multiplicité d'univers. Les modèles d'univers parallèles d'Everett et les univers cycliques de Wheeler restent marginaux, et l'improbabilité de notre univers demeure en attente d'une explication. Mais cette situation va changer à partir des années 1990. De nouveaux modèles d'univers parallèles ou multiples vont voir le jour. Indépendamment des considérations sur l'improbabilité de l'apparition de la vie, ils vont susciter un grand intérêt. Un nombre croissant de cosmologistes vont même se mettre à y croire. Du coup, toute la logique qui sous-tendait les premières formulations du principe anthropique s'en trouve inversée. Il n'est plus question de partir d'une situation d'improbabilité pour en inférer l'existence d'univers parallèles ou multiples. Il est désormais question de partir d'un modèle jugé crédible d'univers parallèles ou multiples et d'en conclure que le problème de l'improbabilité est résolu. Avant d'étudier cette nouvelle situation, il nous faut toutefois mentionner une alternative au recours aux univers parallèles ou multiples pour rendre compte de l'existence d'un univers aussi improbable que le nôtre.

## Le défi de l'interprétation théologique

Dans sa formulation même, le problème de l'extraordinaire ajustement des paramètres de l'univers laisse entendre que ces derniers auraient été ajustés. Or, « ajustement » fait écho à « ajusteur ». Aussi n'est-il pas étonnant de voir très rapidement une interprétation théologique se greffer sur ce problème de l'ajustement des paramètres de l'univers. Cette solution n'est pas la première ; historiquement, elle vient après celle des univers parallèles ou multiples. Mais, rapidement, elle se présente comme sa rivale. Plutôt que de recourir à l'hypothèse d'une multiplicité d'univers pour expliquer l'énigmatique ajustement des paramètres de l'univers, certains chercheurs se tournent ainsi, à partir des années 1980, vers l'hypothèse d'un « Designer » : l'univers est très finement ajusté au développement de la vie parce qu'un Designer a précisément fixé la valeur des paramètres dans cet objectif. Ces chercheurs décrètent même que l'hypothèse des univers parallèles ou multiples est moins crédible que celle d'un Designer, parce que trop spéculative. Elle ne serait qu'un moyen plus ou moins inavoué de la part d'athées de refuser l'interprétation théologique.

Défendre cette interprétation revient à affirmer que l'étonnant ajustement des paramètres de l'univers est un signe de l'existence d'un Designer. Celui-ci étant très souvent identifié au Dieu traditionnel des religions monothéistes, cette interprétation marque le retour de la théologie naturelle en cosmologie. À son encontre, une forte opposition s'est dressée. Beaucoup de chercheurs décrétèrent qu'elle n'avait pas sa place en science. Ils l'ont donc balayée d'un revers de main. Ce qui n'a pas empêché de voir parfois des débats théologiques se mettre en place entre « pro » et « anti ». Pour ne donner qu'un exemple, signalons que des critiques de l'interprétation théologique avancent que, si Dieu avait créé notre univers, il aurait certainement laissé des traces de son intervention autrement plus faciles à percevoir que cet ajustement des paramètres de l'univers. Aussi n'y aurait-il pas le moindre doute sur son existence. Pour ridiculiser l'interprétation théologique, certains athées avancent même que Dieu aurait pu faire en sorte que sur chaque pierre, chaque plante, chaque animal, etc., soit gravé, non pas *Made in China*, mais *Made by God* (Dieu parle anglais, c'est bien connu !). Ne serait-ce pas une preuve indubitable de l'existence de Dieu et de son rôle dans la création du monde ? Le fait qu'il n'existe pas de telles traces n'est-il pas, *a contrario*, un signe de son inexistence ? À cette objection les théologiens ont toutefois une réponse toute prête. Dieu a choisi de fabriquer l'univers sans signes trop évidents de son existence parce qu'il voulait laisser les êtres humains libres de croire ou de ne pas croire en lui, et libres d'accomplir ou non de bonnes actions. Si Dieu n'était pas globalement caché, toutes ses créatures – du moins celles ayant suffisamment de conscience – seraient bien obligées d'y croire. Il n'y aurait plus de libre arbitre vis-à-vis de la croyance en Dieu. Elle s'imposerait à tous. Désirant créer un homme libre, il était nécessaire que Dieu ne rende pas les traces de son intervention trop manifestes. L'ajustement des paramètres est juste un indice de son existence, ni trop voyant ni trop discret.

Inutile de préciser que cette réponse des théologiens n'a pas emporté l'adhésion de tous les chercheurs. Depuis les années 1980, une forte opposition persiste entre ceux qui recourent à l'hypothèse du multivers et ceux qui recourent à l'hypothèse du Designer. Il est toutefois important de savoir que, derrière ce terme, ne se cache pas toujours le Dieu des religions monothéistes. Les personnes séduites par l'argumentation conduisant à l'hypothèse d'un Designer, et dubitatives en ce qui concerne celle du multivers, n'ont pas toujours une affinité avec l'idée d'un Dieu personnel, Seigneur des cieux et créateur de l'univers à l'origine des temps. Elles peuvent également être gênées par l'image d'un Dieu qui réglerait les paramètres de l'univers comme on réglerait les boutons d'une machine avant de s'en servir. Pour elles, le Designer pourrait être un Dieu immanent au monde ou à la nature. Il ne serait donc pas nécessairement à reléguer uniquement à l'origine de toute chose. Il s'identifierait à la nature et se révélerait dans l'harmonie des lois de la physique. Il pourrait même être une sorte d'intelligence cosmique présente dans toute chose, celle justement qu'évoquent souvent de manière rhétorique les cosmologistes. De quoi compliquer le débat entre pro et anti-Designer !

Quoi qu'il en soit, pour conclure ce chapitre, on pourrait faire remarquer que beaucoup de scientifiques ne prennent pas position dans ce débat. Ils n'aiment ni l'hypothèse du multivers ni celle du Designer. Ils prônent la patience et avancent que la mise sur pied d'une « théorie du Tout » permettra d'expliquer la valeur des paramètres de l'univers, au sens où la valeur de ces paramètres découlera de cette ultime théorie. Les caractéristiques de notre univers seront ainsi expliquées sans qu'il soit nécessaire de recourir à l'hypothèse spéculative du multivers ou à l'hypothèse théologique du Designer. Il est toutefois peu probable que cette attitude attentiste soit couronnée de succès.

D'abord, il n'est pas certain qu'une théorie du Tout ne comportera plus aucun paramètre libre. Il y en aura certes moins qu'actuellement. Mais aucun ? C'est discutable. Ensuite, les croyants pourront toujours faire remarquer que, même si on trouvait une théorie du Tout, il n'en serait pas moins remarquable que les lois physiques et les valeurs des paramètres associés soient justement celles qui sont propices au développement de la vie. Aussi faudra-t-il toujours expliquer pourquoi notre univers, qui est propice au développement de la vie, est régi par cette théorie du Tout et non par une autre ne permettant pas l'apparition de la vie. Enfin, il y aura toujours l'éternelle question : Pourquoi y a-t-il quelque chose plutôt que rien ? Bref, ce débat n'est pas près de finir. Cependant, il change régulièrement de tournure. Notamment, depuis les années 1990, l'arrivée sur le devant de la scène de nouveaux modèles d'univers parallèles ou multiples a fait émerger d'autres questionnements sur ces rapports entre cosmologie, théologie et philosophie. Il est donc important de se tourner vers cette nouvelle profusion d'univers. Mais, avant cela, petit détour par la quatrième dimension.

## Chapitre 5

# La quatrième dimension

« Esprit, es-tu là ? » Qui n'a pas, enfant ou adolescent, essayé de faire tourner une table et de communiquer avec des esprits ? L'avoir fait en tant qu'adulte est moins avouable. Le spiritisme n'est-il pas regardé d'un œil condescendant, voire réprobateur, par la communauté scientifique et tous ceux qui se targuent d'être rationnels ? Ce ne fut pas toujours le cas. Tables tournantes, médiums et ectoplasmes ont en effet suscité beaucoup d'intérêt chez les scientifiques au tournant du XX^e^ siècle : William Crookes, l'inventeur du tube cathodique, était un grand défenseur du spiritisme ; Pierre Curie assista régulièrement aux séances d'un des plus célèbres médiums de l'époque ; Charles Richet fit des expériences pour observer les fantômes, tout en poursuivant des recherches qui lui vaudront le prix Nobel de médecine en 1913 ; Camille Flammarion s'intéressa autant à l'astronomie qu'aux histoires de communication avec les esprits des morts. La liste pourrait facilement s'allonger tant, à l'époque, le spiritisme interpellait les scientifiques.

Cet intérêt se comprend aisément. Si les phénomènes dits occultes mettent en jeu des esprits qui se manifestent sous forme de forces, de mouvements ou de rayons lumineux, il doit être possible, disait-on en ces temps-là, de soumettre leurs manifestations à une étude scientifique. Deux possibilités se présentaient alors aux chercheurs qui s'orientaient dans cette voie. Ils pouvaient considérer que les esprits appartiennent à notre monde, mais qu'ils sont immatériels. Ce pouvait être des ectoplasmes, des « vibrations d'énergie » ou quelque entité du même genre. Restait à expliquer comment ces esprits immatériels pouvaient soulever des tables ou déplacer des chaises. L'autre possibilité consistait à imaginer que les esprits sont plus ou moins matériels, mais qu'ils se situent dans un autre monde ; pas dans un monde lointain – ce qui rendrait leurs interactions avec ce monde-ci difficiles – ; dans un monde à la fois tout proche et différent. En somme, il suffisait d'imaginer que les esprits proviennent d'une mystérieuse quatrième dimension.

Cette idée d'esprits provenant d'un espace à la fois proche et invisible sera abandonnée au cours du XX^e siècle, du moins elle quittera la sphère des laboratoires scientifiques pour se réfugier dans les officines ésotériques. Mais le concept d'une quatrième dimension restera. Les scientifiques parleront même d'une cinquième, sixième, septième… voire vingt-sixième dimension ! En faisant ainsi éclater l'univers à trois dimensions, ils ouvriront la porte à de nouvelles spéculations sur de potentiels univers parallèles. D'où l'intérêt de pénétrer dans ces dimensions supplémentaires.

## Petites histoires de la quatrième dimension

L'idée d'esprits situés dans une quatrième dimension n'est pas apparue soudainement au XIXe siècle. À quand remonte-t-elle ? Difficile à dire. Une chose est sûre : elle est présente dès le XVIIe siècle chez Henry More. Ce philosophe cherchait à résoudre l'épineux problème du lien entre le corps et l'âme. Comment l'esprit peut-il agir sur la matière et réciproquement ? René Descartes avait attribué à la matière et à l'esprit deux propriétés bien distinctes : la première se définissait par l'étendue alors que le second n'avait rien de spatial. C'est le célèbre dualisme cartésien où l'âme, à l'intérieur de la glande pinéale, est censée diriger le corps. Mais More n'est pas convaincu par cette doctrine. Comment une substance sans extension pourrait-elle commander une substance étendue ? Pour More, la seule possibilité pour que l'esprit puisse agir sur la matière est qu'il soit lui aussi étendu spatialement. L'esprit, tout en étant distinct du corps (More n'est pas un matérialiste), lui serait donc coextensif. Pour préserver l'unité et l'indivisibilité de l'esprit en toutes circonstances (par exemple, quand une personne a une jambe amputée), More se voit néanmoins contraint d'introduire une quatrième dimension, qu'il appelle « spissitude ». Quand il y a amputation, un esprit peut ainsi retrouver dans la quatrième dimension ce qu'il a perdu suivant l'extension tridimensionnelle qui nous est familière. Son volume dans les quatre dimensions restant constant, son identité pourrait effectivement, selon More, être préservée.

En somme, l'esprit est bien une substance étendue, mais c'est une substance étendue dans quatre dimensions. Ce n'est pas plus compliqué que cela !

Cette conception de More ne semble pas avoir eu beaucoup d'adeptes. Laissons toutefois de côté l'éternel débat sur les liens entre le corps et l'esprit. Comme on l'a déjà mentionné, là où l'idée d'une quatrième dimension va se retrouver en force deux siècles plus tard, c'est dans une certaine approche du spiritisme. Il ne sera plus question d'attribuer quatre dimensions aux esprits. Mais un esprit pourra toujours se loger dans une quatrième dimension et faire, de temps en temps, irruption dans les trois dimensions usuelles. C'est à ce moment-là qu'il communiquera avec les vivants, du moins avec certains d'entre eux.

En cette fin du XIXe siècle, le promoteur le plus respectable de ce « spiritisme géométrique » est probablement un professeur d'astronomie, Johann Karl Friedrich Zöllner. Dans les années 1870, il a été impressionné par plusieurs tours de passe-passe du médium Henry Slade. Entre autres, ce dernier était capable de faire apparaître un nœud dans une corde fermée sur elle-même. Cela paraissait magique. Il est effectivement impossible de faire apparaître un nœud si l'on ne peut pas détacher les deux extrémités. Slade prétendait que des esprits vivant dans la quatrième dimension avaient, à la suite de sa requête, introduit une portion de la corde dans la quatrième dimension et l'avaient retournée de façon à faire apparaître un nœud quand elle revenait dans les trois dimensions usuelles. Pour saisir le sens de cette explication, imaginez que vous êtes derrière une autre personne, sur une ligne droite (c'est-à-dire un espace à une dimension), et que vous voulez vous retrouver devant cet individu. En restant sur la ligne droite, c'est impossible. Pour le faire, il faut vous décaler sur le côté (c'est-à-dire aller dans une deuxième dimension de l'espace) et doubler l'autre personne, puis revenir sur la ligne droite. Slade s'appuyait sur ce genre de comparaison pour impressionner son public. Comme Zöllner ne décelait aucun « truc » chez le médium, il en concluait que la quatrième dimension existe réellement. En 1878, il publie d'ailleurs tout un livre sur ce genre de phénomènes étranges, *Physique transcendantale* (*Transzendentale Physik*). Beaucoup de scientifiques resteront sceptiques. L'ouvrage n'est donc pas très bien reçu. Il n'en est pas moins symptomatique d'une certaine forme de dialogue entre science et spiritisme.

En dehors des spirites et de leurs acolytes plus ou moins scientifiques, ce sont les croyants qui trouvent bien utile de recourir à une quatrième dimension. En 1884, un pasteur dénommé Edwin Abbott publie une allégorie intitulée *Flatland*, où il donne vie à des figures géométriques, comme le point, la ligne, le triangle, le carré, etc. À travers les tribulations de ses personnages, Abbott essaie, par analogie, de faire comprendre ce que pourrait être un monde à quatre dimensions. L'ouvrage rencontre un grand succès et témoigne là encore d'une mode pour toutes les spéculations qui touchent aux dimensions supplémentaires. En 1888, un autre pasteur, Alfred Taylor Schofield, s'inspire explicitement de *Flatland* pour écrire un livre où il avance que la dimension spirituelle de la vie est liée à la quatrième dimension, *Un autre monde. La quatrième dimension* (*Another World, or The Fourth Dimension*). Là aussi, l'idée de Schofield est assez simple, mais, pour donner un peu de sérieux à son propos, il n'hésite pas à utiliser quelques symboles mathématiques. Par exemple, il estime que tout corps, matériel et solide, peut être représenté par le symbole $x^3$ ($x^0$ serait un point, $x^1$ serait une ligne et $x^2$ un plan). Quant à lui, l'esprit, d'une dimension supérieure, peut être représenté par $x^4$. Dans ce cas $(x^3 + x^4)$ représente un être humain en vie, tandis que $(x^3 + x^4) - x^4$ représente le divorce du corps et de l'esprit lors d'un décès. L'esprit retourne alors à sa propre dimension, et le corps $x^3$ demeure dans l'espace à trois dimensions auquel il appartient. Il n'est pas sûr que ces quelques symboles mathématiques aient eu un quelconque impact sur les incrédules. Mais l'idée d'une quatrième dimension d'ordre spirituel sut toucher un grand nombre de personnes frustrées par les discours matérialistes.

L'autre grand succès de la quatrième dimension est à chercher du côté de la fiction. On attribue souvent à Albert Einstein l'idée que le temps représente une quatrième dimension. Pourtant, dans *La Machine à explorer le temps* (*The Time Machine*, 1895), publiée dix ans avant qu'Einstein ne fonde la théorie de la relativité restreinte, Herbert George Wells fait dire à son héros que le temps est une dimension similaire aux trois dimensions spatiales. La seule différence est que c'est notre conscience qui se déplace le long de cette dimension. Dès 1754, d'Alembert en avait également évoqué la possibilité dans son article « Dimension » de l'*Encyclopédie*. Encore plus intéressant, toujours dans le même roman, Wells évoque la possible existence d'une quatrième dimension de l'espace. Il cite un article du mathématicien Simon Newcomb, publié dans la revue *Nature* en 1894, qui affirmait qu'une quatrième dimension spatiale permet l'existence d'un nombre indéfini d'univers. Explication : dans un espace à deux dimensions, il est possible de définir une infinité de droites, c'est-à-dire d'espaces à une dimension ; dans un espace à trois dimensions, il est possible de définir une infinité de plans, c'est-à-dire d'espaces à deux dimensions ; de la même manière, dans un espace à quatre dimensions, il est possible de définir une infinité d'espaces à trois dimensions ; si un univers est défini par trois dimensions spatiales, un espace à quatre dimensions peut donc contenir une infinité d'univers.

Il ne faut d'ailleurs pas attendre longtemps pour que Wells exploite les possibilités narratives offertes par une quatrième dimension spatiale. Dans *The Plattner Story* (1896), il raconte l'histoire d'une personne qui pénètre accidentellement dans la quatrième dimension et revient avec sa droite et sa gauche inversées ; son cœur, par exemple, se trouve à droite dans sa poitrine ! En 1827, le physicien et mathématicien August Möbius, le père de la fameuse bande de Möbius, avait effectivement montré qu'une quatrième dimension permettait de transformer un objet en son image dans un miroir. C'est de ces travaux que Wells tire son inspiration. Il n'est pas le seul. Cela fait déjà quelques années qu'une pléthore d'écrivains se sont emparés de la quatrième dimension après que des mathématiciens comme

Möbius ou Bernhard Riemann en eurent analysé les propriétés mathématiques. L'engouement était tel que, dès 1872, dans son livre *De l'autre côté du miroir* (*Through the Looking-Glass*), où l'héroïne Alice est transportée à travers un miroir dans un nouveau monde à trois dimensions, le mathématicien Charles Dodgson (alias Lewis Carroll) aurait voulu, selon certains critiques, parodier la fascination de son époque pour ce thème. Quoi qu'il en soit, l'engouement continua encore plusieurs décennies.

*Last but not least*, il faut également ajouter que toutes ces idées ont un écho important dans les milieux artistiques, en France notamment. Un ouvrage en particulier a joué le rôle de passeur. Il s'agit d'un roman de Gaston de Pawlowski intitulé *Voyage au pays de la quatrième dimension* (1912). Il n'y est pas question de séjour dans d'autres mondes, au sens spatial du terme. Mais le narrateur raconte ses voyages dans le futur, effectués grâce à… la quatrième dimension. Au-delà de sa dimension anticipatrice, le livre est construit sur l'idée que l'esprit a tout intérêt à sortir des trois dimensions de l'espace. C'est un acte de libération qui permet de mieux saisir la réalité. Le message touchera les artistes. Notamment, plusieurs protagonistes du cubisme considéreront que la quatrième dimension pourrait effectivement permettre d'obtenir une meilleure perception de la forme des objets. Comment voir directement qu'un cube est un cube si ce n'est en voyant tous ses côtés à la fois ? Pour cela, certains artistes se disent qu'il faudrait le regarder à partir de la quatrième dimension. L'idée sera reprise. Marcel Duchamp, qui se fera l'un des plus fervents avocats de la quatrième dimension dans le monde de l'art, la mettra directement en œuvre dans ses créations. Par exemple, ses « ready-made » tridimensionnels ne seraient pas de simples objets manufacturés désignés comme œuvres d'art. Il faudrait les voir comme les ombres portées d'entités quadridimensionnelles. De façon similaire, sa *Mariée mise à nu par ses célibataires, même* (1915-1923) devrait être abordée, selon les termes de Duchamp lui-même, comme la projection dans notre monde à trois dimensions, elle-même reprojetée en deux dimensions sur un double panneau de verre, d'une scène invisible à quatre dimensions !

Par une ironie de l'histoire, le succès de la théorie de la relativité restreinte d'Einstein, qui a offert une respectabilité scientifique à l'idée d'une quatrième dimension, sera néfaste à tout l'imaginaire qui lui était associé. Quand, dans les années 1920, la communauté scientifique accepte de reconnaître la pertinence du concept d'espace-temps à quatre dimensions, l'attrait exercé sur le public par une mystérieuse dimension supplémentaire semble diminuer. La quatrième dimension, au sens spatial du terme, se fait plus discrète depuis lors dans la littérature, les arts et la pensée ésotérique, à l'exception peut-être d'une courte reviviscence dans le mouvement surréaliste. Mais le recours à une dimension supplémentaire, et même à plusieurs, ne disparaît pas de la physique. Comme au temps du spiritisme bon teint, la démarche des physiciens n'est pas gratuite. Ils sont en effet à la recherche d'une représentation unitaire du monde, et la prise en compte d'éventuelles dimensions supplémentaires apparaît à certains comme nécessaire pour réaliser cette tâche.

## La quatrième dimension et l'unification des forces

De nos jours, les physiciens estiment qu'il existe quatre interactions fondamentales dans la nature (l'interaction gravitationnelle, l'interaction électromagnétique, l'interaction faible et l'interaction forte). Pourquoi chercher à les unifier ? Pourquoi vouloir passer du Quatre au Un ? Pourquoi rechercher une représentation unitaire du monde ? Rien ne l'impose vraiment. Découvrir une unité sous-jacente peut parfois être utile. Si plusieurs interactions interviennent à niveau égal dans un phénomène physique – par exemple, au tout début de l'univers, les quatre interactions sont censées toutes jouer un rôle important simultanément –, il est préférable d'avoir en main une unique théorie de ces interactions. Mais la recherche systématique d'unité ne semble pas toujours répondre à des fins pratiques. C'est une quête qui pourrait avoir d'autres motivations. Lesquelles ?

En 1833, dans son *Traité Bridgewater* (*Bridgewater Treatise*), l'incontournable William Whewell offre une réponse à cette question. Dans cet ouvrage, il cherche à montrer comment notre conception de l'univers provenant de la science est en harmonie avec la croyance en un Créateur. L'objectif de Whewell n'est en rien original. Ce n'est pas la première fois qu'un savant tente de réconcilier les nouvelles conceptions du monde issues de l'activité scientifique avec ses positions en matière de religion. D'ailleurs, à son époque, la science, c'est-à-dire l'étude systématique du Livre de la nature, est très souvent vue comme soutenant les croyances religieuses. Cela dit, Whewell se distingue de beaucoup de ses contemporains en mettant davantage qu'eux le concept d'unification au cœur de cet accord. Il souligne en particulier que l'harmonie qu'il prétend déceler entre science et religion repose sur le constat que la nature est gouvernée par des lois qui, bien que différentes, témoignent, de par leur unité sous-jacente, de l'existence d'un Ordonnateur (*a Legislator*). Il est donc important pour Whewell de montrer que les lois ont une structure hiérarchique conduisant à une représentation de plus en plus unitaire. Cette structure commence à être reconnaissable dans les disciplines qui ont acquis quelque maturité, comme l'astronomie, la mécanique et l'optique. C'est le devoir du physicien d'aller plus loin. Plus la structure hiérarchique est révélée, plus la science offre des indices de l'intelligence de son Auteur. En remontant ainsi des lois partielles à des lois plus générales, dont les premières dépendent, Whewell estime que la science révèle le plan bien organisé et unifié de Dieu.

Bien sûr, de nos jours, parmi les physiciens qui cherchent à unifier les quatre interactions fondamentales de la nature, beaucoup seraient réticents à évoquer cet argument du dessein. Ils ne cherchent pas Dieu derrière l'unité du monde, prétendent-ils. Mais cette distinction ne refléterait-elle pas qu'une simple différence de vocabulaire ? La physique actuelle n'est-elle pas parfois une métaphysique qui s'ignore ? Comme nombre de mystiques, les physiciens ne veulent-ils pas retrouver l'Un originel ? En somme, chercher l'unité du monde et chercher son Principe organisateur derrière ses différentes manifestations ne sont-elles pas deux démarches similaires, si ce n'est identiques ? Laissons toutefois la question ouverte et regardons comment s'est déroulée cette quête de l'unité au XXe siècle, en nous limitant aux tentatives faisant intervenir des dimensions supplémentaires.

L'unification des interactions physiques n'est pas une démarche inédite dans l'histoire de la physique. Elle a déjà connu deux grands moments avant le XXe siècle. C'est, au XVIIe siècle, Isaac Newton qui montre que la chute de la pomme et le mouvement de la Lune sont régis par une seule et unique force : la gravité. Puis, au XIXe siècle, c'est James Clerk Maxwell qui montre que l'électricité et le magnétisme sont deux manifestations d'une seule et même interaction : la force électromagnétique. Ces deux réalisations sont des prouesses et ont beaucoup apporté à la physique. Mais les physiciens modernes sont désormais à la peine. Ils ont mis au jour quatre interactions fondamentales. Dans un univers à trois dimensions spatiales, leurs calculs n'aboutissent pas : aucune représentation unitaire de ces interactions physiques ne se dégage. Avec une quatrième dimension ou une cinquième, ou plus, il y a davantage de paramètres sur lesquels ils peuvent jouer. Cette piste de recherche leur semble donc prometteuse, en tout cas suffisante pour envisager très sérieusement l'existence de dimensions supplémentaires.

Apparemment, le premier physicien à postuler l'existence d'une quatrième dimension pour tenter d'unifier les forces de la nature est un certain Gunnar Nordström, en poste à l'université d'Helsinki. Ses travaux ne sont pas très bien perçus par son employeur : quand il demande une bourse pour poursuivre à l'étranger ses recherches sur les dimensions supplémentaires de l'espace, il se voit répondre que l'on peut étudier la quatrième dimension à la maison, sans avoir besoin de voyager. Cela ne l'empêche pas de publier, en 1914, un article original dans lequel il propose d'unifier la gravitation et l'électromagnétisme en formulant les équations de cette seconde interaction (c'est-à-dire les équations de Maxwell) dans un espace à quatre dimensions spatiales. À l'époque, ce sont les deux seules forces connues. Les unifier, c'est unifier le monde. Louable, la tentative est toutefois prématurée. En 1915, Einstein publie sa théorie de la relativité générale. La conception que l'on se fait de la gravitation s'en trouve chamboulée. Nordström n'arrive pas à intégrer l'idée d'une courbure de l'espace dans ses travaux. Du coup, il abandonne la partie.

Cinq ans plus tard, l'idée réapparaît. Nous sommes en 1919. Le physicien Theodor Kaluza envoie une lettre à Einstein pour lui faire part d'une surprenante découverte. Le père de la relativité restreinte et générale reste sans voix. Kaluza est un théoricien, non dénué d'humour. Pour démontrer la force des idées théoriques vis-à-vis de la pratique, l'on raconte que, à la trentaine passée, bien que ne sachant pas nager, il lut un livre de natation et se mit à nager avec succès à la première tentative. Quoi qu'il en soit de la crédibilité de cette histoire, dans la lettre envoyée à Einstein, Kaluza avait écrit les équations de la relativité générale dans un espace à cinq dimensions (quatre d'espace et une de temps). Rien ne l'interdisait. Par ce procédé, Kaluza retrouve non seulement les équations de la gravitation d'Einstein telles qu'elles sont définies dans un espace à quatre dimensions, mais également les équations de l'électromagnétisme de Maxwell ! Comment interpréter ce résultat ?

Au premier abord, la gravitation et l'électromagnétisme n'ont rien en commun. La première est la force responsable de notre maintien sur Terre et de la dynamique des corps célestes. Le second se retrouve dans nos machines électriques et dans la lumière qui nous éclaire. Pourtant, les calculs de Kaluza semblent indiquer qu'ils auraient tous deux une même origine. Dans la relativité générale, telle que l'a définie Einstein, la gravitation est un effet de courbure de l'espace-temps à quatre dimensions. Puisque, dans un espace-temps à cinq dimensions, ce n'est plus seulement la gravitation qui émerge des équations de la relativité générale, mais la gravitation *et* l'électromagnétisme, il est possible d'interpréter ces deux forces comme un effet d'un même phénomène, en l'occurrence la courbure de l'espace-temps, cette fois-ci à cinq dimensions.

Cette quatrième dimension spatiale introduite par Kaluza n'est pas quelconque. Il imagine qu'elle est périodique, de sorte que, s'il était possible de voyager dans sa direction, on reviendrait au point de départ. Elle est également de très petite dimension, ce qui explique que l'on ne la perçoit pas. On dit qu'elle est compactifiée. Quant aux trois autres dimensions de l'espace, elles restent identiques à celles dont nous faisons l'expérience. On peut se faire une image de cette dimension supplémentaire de la façon suivante : soit un espace à deux dimensions, c'est-à-dire un plan, sur lequel circule une fourmi ; pour obtenir un espace à trois dimensions, on peut définir un axe perpendiculaire au plan ; pour passer de son espace à deux dimensions à l'espace à trois dimensions, la fourmi devra marcher le long de l'axe. Maintenant, imaginez que cet axe se replie sur lui-même et forme une boucle ; si la fourmi essaie de quitter le plan et marche le long de cet axe, elle reviendra à son point de départ. Ensuite, si vous réduisez la taille de la boucle de façon que la fourmi ne puisse plus y circuler, et même ne puisse plus la percevoir, cette troisième dimension sera inobservable, bien que toujours présente. C'est exactement la situation dans laquelle on se trouverait si l'espace possédait quatre dimensions, sauf que notre espace de base n'est pas un plan mais un espace à trois dimensions.

Einstein n'a bien sûr aucun problème pour comprendre ce qu'est une quatrième dimension. Il est donc stupéfait par la trouvaille de Kaluza. Il lui écrit pour lui dire à quel point il aime son idée. Mais, rapidement, l'enthousiasme disparaît. Pourquoi ? L'une des raisons est que les calculs de Kaluza ne se révèlent pas aussi rigoureux qu'au premier abord. Ensuite, une fois passé l'effet de surprise, Einstein regrette que Kaluza n'indique pas pourquoi la quatrième dimension spatiale est différente des trois autres, ni en ce qui concerne sa forme ni en ce qui concerne sa taille. En somme, il reproche à Kaluza d'avoir trouvé une astuce mathématique pour plus ou moins bien unifier la gravitation et l'électromagnétisme, sans en offrir de justification physique. Kaluza est conscient de ces insuffisances. Il n'en affiche pas moins sa confiance dans la postérité de son idée. À la fin de l'article où il présente sa découverte, publié en 1921, il avance qu'il lui est difficile de croire que son unification formelle ne soit qu'un accident fortuit. Il laisse simplement à d'autres le soin de trouver une interprétation physique à donner à sa cinquième dimension et au fait qu'elle soit invisible. C'est un peu court pour Einstein.

L'idée d'une cinquième dimension va de toute façon rapidement refaire surface, sous la plume, ou plutôt dans les calculs, du physicien Oskar Klein. À la différence de ses deux prédécesseurs, ce n'est pas la quête de l'unité qu'il poursuit. Klein cherche à expliquer les bizarreries du monde quantique, comme celle qui veut que les corpuscules atomiques se comportent parfois comme des ondes et parfois comme des particules. Niels Bohr, le pape de la mécanique quantique de l'époque, avec qui il travaille, lui aurait suggéré un jour que l'existence d'une quatrième dimension pourrait éventuellement jouer un rôle dans ces phénomènes étranges. Il ne faisait que reprendre l'idée chère aux spirites que les phénomènes étranges trouvent une explication dans l'existence d'une dimension supplémentaire de l'espace. En tout cas, la suggestion de Bohr ne tombe pas dans l'oreille d'un sourd. En 1924, Klein commence à y travailler sérieusement. Comme Kaluza, mais sans connaître ses travaux, il utilise une quatrième dimension circulaire et il redécouvre des relations mathématiques unifiant l'électromagnétisme et la gravitation. Ce résultat est prometteur. Publié en 1926, il trouve un certain écho. Le programme de recherche n'en est pas moins abandonné, pour trois raisons.

Klein a voulu expliquer les bizarreries du monde atomique par l'existence d'une quatrième dimension. Nous sommes en 1926. C'est l'époque où l'édifice théorique de la mécanique quantique se met en place. Loin de faire disparaître les bizarreries, il en consacre l'existence. Comme on l'a vu (cf. chapitre 3), Bohr, puis von Neumann et Dirac en sont finalement venus à présenter la mécanique quantique comme une théorie complète et à avancer qu'il n'y a pas à recourir à un « monde caché » pour expliquer l'étrange comportement des corpuscules atomiques. Dans ce contexte, une quatrième dimension spatiale perd de son attrait. En outre, Klein n'explique toujours pas pourquoi cette quatrième dimension se recourbe sur elle-même, ni pourquoi elle est aussi petite. Conscient de ces insuffisances, Klein ne cherche pas à maintenir en vie une théorie que beaucoup jugent sans avenir. Un soir, au début de l'année 1928, il lève son verre en l'honneur de ce qu'il estime être désormais une théorie défunte.

Au cours des années 1930, les perspectives ne s'améliorent pas. Les physiciens en viennent à postuler l'existence de deux autres interactions fondamentales, nécessaires pour expliquer le comportement des atomes : il s'agit de l'interaction faible, responsable des désintégrations radioactives ; et de l'interaction forte, responsable de la cohésion des noyaux atomiques. Pour unifier, non plus deux, mais quatre interactions fondamentales, il n'est plus suffisant de montrer que l'électromagnétisme s'apparente au résidu d'un phénomène gravitationnel se produisant dans une dimension invisible. Cette évolution de la physique finit de faire disparaître cette idée d'une dimension supplémentaire du champ de la recherche. Cependant, en science, la mort n'est pas toujours définitive. Si on passe sous silence quelques tentatives isolées de ressusciter l'hypothèse d'une quatrième dimension spatiale, il faut juste attendre un demi-siècle pour que les possibles dimensions cachées de l'univers redeviennent un centre d'intérêt pour la communauté scientifique.

## Le monde des cordes

La découverte de deux nouvelles interactions, en sus des interactions gravitationnelle et électromagnétique, n'a pas facilité les efforts d'unification. Dans les années 1970, les recherches effectuées sans recourir à des dimensions supplémentaires sont néanmoins couronnées de succès. Les physiciens réussissent à mettre sur pied un ensemble de théories, groupées sous l'expression « Modèle standard », presque à même d'unifier trois de ces quatre interactions fondamentales (l'interaction électromagnétique, l'interaction faible et l'interaction forte). Non seulement ce modèle théorique est relativement bien ficelé, mais très rapidement, toujours au cours de ces années 1970, il bénéficie de corroborations expérimentales : plusieurs particules, dont l'existence a été prédite par ce modèle, sont découvertes. Tout n'est pas pour autant résolu puisque la théorie qui décrit l'unification de l'interaction forte aux deux autres attend encore des corroborations expérimentales. Cependant, les physiciens ont de quoi exprimer leur satisfaction. Ayant par ailleurs adopté le modèle du big bang pour décrire l'univers, ils conçoivent maintenant un scénario qui dépeint comment l'unité profonde des quatre forces fondamentales au tout début de l'univers se serait progressivement brisée et aurait donné lieu à quatre interactions distinctes. Ce passage se serait réalisé en une fraction de seconde.

Un modèle théorique, un scénario historique : tout semble marcher pour le mieux pour la communauté des physiciens. Il y a toutefois une limite à ce modèle : la gravitation refuse l'intégration. Comment unir l'interaction gravitationnelle aux trois autres interactions ? À l'époque, ce n'est pas très clair – et ce n'est d'ailleurs toujours pas clair en ce début de XXIe siècle. Cette difficulté explique que certains chercheurs en quête d'unité ont cherché des alternatives au Modèle standard. Parmi celles-ci, il y a la théorie des cordes. C'est elle qui a fait revenir sur le devant de la scène les dimensions spatiales supplémentaires.

Pour comprendre son développement, revenons aux années 1960. À l'époque, les physiciens peinent toujours à formaliser correctement l'interaction forte, l'une des quatre interactions fondamentales. Les particules régies par cette interaction sont appelées des hadrons, *hadron* signifiant « fort » en grec. Il s'agit, par exemple, des quarks dont sont formés les protons et les neutrons. Pour essayer de comprendre cette interaction, les physiciens, dans leurs grands accélérateurs, envoient se fracasser des hadrons les uns sur les autres. Choc après choc, les effets de la collision sont analysés. Mais l'interaction forte ne se livre pas facilement. Les physiciens remarquent quand même que les énergies auxquelles les hadrons sont produits forment des séquences, un peu comme les harmoniques en musique. Cette constatation conduit le physicien Gabriele Veneziano à proposer, en 1968, une nouvelle équation pour décrire l'interaction des hadrons. Elle semble prometteuse. Reste à l'interpréter.

C'est fait deux ans plus tard, en 1970, de manière indépendante, par plusieurs physiciens. Travaillant sur l'équation de Veneziano, ils avancent qu'elle ne décrit pas le comportement d'un objet ponctuel, comme on avait l'habitude de le faire pour les particules. Elle décrit plutôt un objet à une dimension, comme une corde. Cette corde s'étire quand elle gagne de l'énergie et se contracte quand elle en perd. Elle peut également vibrer. En fonction de son état de vibration, elle correspond à tel ou tel hadron (d'où les harmoniques). Plus une corde vibre, plus elle a d'énergie, donc plus elle représente une particule lourde (suivant l'équivalence entre masse et énergie établie par Einstein). La question de savoir de quoi sont faites ces cordes ne se pose pas. Elles deviennent l'entité fondamentale qui, en vibrant, adopte le comportement des objets que l'on prenait auparavant pour des particules ponctuelles. Inutile de dire qu'un tel modèle marque une rupture avec l'image classique des corpuscules atomiques. La théorie des cordes est lancée.

Le démarrage n'est toutefois pas des plus aisés. Cette toute jeune théorie des cordes est confrontée à différents problèmes. Notamment, elle est obligée de se placer dans un univers à vingt-six dimensions ! Pourquoi vingt-six et pas vingt-cinq ou vingt-sept ou, tout simplement, les quatre dimensions usuelles ? Parce que seul un univers à vingt-six dimensions permet à la théorie des cordes de ne pas entrer en conflit avec une théorie bien établie comme la mécanique quantique. Est-ce rédhibitoire ? Personne ne le sait. Dans le doute, les cordistes – c'est-à-dire les chercheurs travaillant sur les cordes – continuent à affiner leur théorie. Rapidement, ils arrivent à montrer que la théorie ne nécessite finalement plus vingt-six dimensions pour être cohérente mais seulement dix. Bien qu'on soit toujours loin des quatre dimensions usuelles, on s'en rapproche ! Cela crée une dynamique positive. Le plus important est que les cordistes arrivent à montrer que les cordes peuvent aussi décrire les photons, c'est-à-dire les particules qui véhiculent l'interaction électromagnétique, et les gravitons qui, bien que n'ayant jamais été découverts, sont censés être les particules qui véhiculent l'interaction gravitationnelle. Du coup, les promoteurs de la théorie des cordes ne la conçoivent plus comme une théorie uniquement de l'interaction forte, mais comme *la* théorie fondamentale unifiant les quatre interactions de la nature. La proclamation est grandiose.

La théorie des cordes n'en va pas moins connaître une traversée du désert. D'abord, beaucoup de physiciens ont du mal à digérer la nécessité de travailler dans un espace-temps à dix dimensions. Ils accusent la théorie de n'être qu'un jeu mathématique. Ils n'y voient pas vraiment une théorie physique. Ensuite, ils reprochent à la théorie des cordes d'être incapable de faire des prédictions testables et, par conséquent, de n'être pas réfutable. Ce qui, à leurs yeux, est un grave inconvénient pour toute théorie qui prétend être scientifique. Enfin, dans ces années 1970, une autre théorie de l'interaction forte remporte un franc succès : la chromodynamique quantique. Des physiciens sont en effet arrivés à une description satisfaisante des hadrons considérés comme des particules constituées de quarks ponctuels. Ces travaux contribuent au succès du Modèle standard. Les physiciens théoriciens qui s'intéressaient aux cordes étaient déjà très peu nombreux. À partir du milieu des années 1970, ils abandonnent presque tous la partie au profit de ce Modèle standard.

L'éclipse de la théorie des cordes va durer une dizaine d'années. Grâce à d'importantes avancées théoriques, une poignée de cordistes réussissent à la réhabiliter au milieu des années 1980. Le changement est d'ordre moins conceptuel que technique. Les progrès en ce domaine sont néanmoins tels que l'on parle d'une révolution des cordes (c'est la première ; il y en aura une seconde). Parce qu'elle est désormais un édifice théorique bien mieux structuré, la théorie des cordes apparaît de nouveau comme une candidate très sérieuse pour unifier les quatre interactions fondamentales de la nature. En dépit de ce retour sur le devant de la scène, elle déroute encore avec ses énigmatiques dimensions supplémentaires. Comme au temps de Klein, elles sont toujours compactes, impossibles à observer. Sauf que, maintenant, ce n'est plus une, mais six dimensions qui échappent à la sagacité des expérimentateurs. Ce qui complique la situation.

Les cordistes montrent toutefois que ces dimensions supplémentaires doivent former ce qu'on appelle une « variété de Calabi-Yau ». Que représente cet objet au nom étrange ? Son existence remonte aux années 1950. C'est l'époque où le mathématicien Eugenio Calabi s'intéressait à des configurations géométriques dans un espace à six dimensions. En 1976, le mathématicien Shing-Tung Yau avait montré qu'il existait plus d'une centaine de milliers de ces configurations. En leur honneur, ces configurations géométriques furent ensuite appelées des variétés de Calabi-Yau. Cherchant quelles configurations doivent respecter les six dimensions supplémentaires pour que les cordes ne soient pas en conflit avec les théories physiques déjà connues, les cordistes purent donc s'appuyer sur ces travaux. C'est pour cela que l'on dit que les dimensions supplémentaires doivent être compactifiées suivant des variétés de Calabi-Yau.

Dans les modèles de Kaluza et de Klein, la dimension supplémentaire se représentait par un petit cercle, situé en tout point de l'espace-temps à quatre dimensions, mais non plongé dans cet espace-temps. Dans la théorie des cordes, on garde la même idée, sauf que le petit cercle en tout point de l'espace a été remplacé par une variété de Calabi-Yau. La différence est importante : les variétés de Calabi-Yau sont complexes et très nombreuses, vraiment très nombreuses. Elles se comptent par centaines de milliers et, pour chaque variété, il y a des centaines de paramètres qui décrivent la taille et la forme des différentes dimensions compactes. Ce qui est effroyablement plus compliqué que dans le cas de Kaluza et Klein où une seule grandeur définissait le rayon de la cinquième dimension. Cette complexité n'est pas sans incidence sur la physique. Il se trouve en effet que chaque ensemble de paramètres des variétés de Calabi-Yau génère des paramètres physiques différents pour les particules et interactions fondamentales que la théorie des cordes est censée décrire. Ce qui est compréhensible puisque les cordes vibrent différemment en fonction de la forme des dimensions supplémentaires, c'est-à-dire en fonction de la façon dont ces dernières sont compactifiées. Cela ne poserait pas de problème particulier s'il était possible de déterminer quelle variété correspond à notre univers. Ce n'est malheureusement pas le cas. Les physiciens sont dans le flou le plus total. Cherchant à trouver une théorie unifiant les interactions fondamentales de la nature, ils se trouvent finalement devant une pléthore de théories sans savoir laquelle est la bonne. La situation est embarrassante. Heureusement, comme on le verra, en science comme ailleurs, il existe parfois une façon de retourner à son avantage une position délicate.

Jusqu'ici, dans notre exposé, il n'a été question que d'une seule théorie des cordes. C'était par souci de simplification. Historiquement, les choses sont plus complexes. Dans les années 1980, il y a non pas une, mais cinq théories des cordes, chacune étant définie par différentes caractéristiques attribuées aux cordes (ouvertes ou fermées, orientées ou non…). Ces cinq versions semblent toutes aussi valables les unes que les autres. Qui plus est, pour chaque version, il existe des milliers, voire des millions, de variantes en fonction de la façon dont les dimensions supplémentaires sont compactifiées. Encore une fois, la situation est ironique : alors que la théorie des cordes était censée être la théorie unifiant les quatre forces fondamentales de la nature, il semble qu'elle ait elle-même besoin d'être unifiée. Cela fait désordre. Pour des raisons de crédibilité, il faut faire le ménage. Heureusement pour elle, la théorie des cordes va trouver son grand ordonnateur en la personne du physicien Edward Witten.

En 1995, Witten avance que les cinq théories ne sont en réalité que différentes versions d'une seule et unique théorie. Chaque théorie décrirait de façon légèrement différente les mêmes phénomènes, mais toutes pourraient trouver une place dans une théorie plus générale. Cette théorie, Witten ne la connaît pas. Il en postule juste l'existence. Son argument est que, prises deux à deux, les cinq théories semblent bien offrir une perspective différente sur les mêmes phénomènes. Ces comparaisons ne sont que partielles et pas toujours établies suivant les mêmes modalités. Ce qui souligne bien le caractère hypothétique de cette théorie globale. Cela n'empêche pas Witten de lui attribuer un nom : il l'appelle la théorie-M, sans préciser ce que signifie le « M ». Il aurait sous-entendu ultérieurement – ses propos ont été rapportés, mais jamais confirmés – que cela peut signifier méta, ou mystérieux, ou magique, ou matrice, ou mère, etc. ; de quoi laisser les commentateurs spéculer. Quoi qu'il en soit, ses arguments sur l'existence d'une unique théorie des cordes sont relativement bien reçus par les théoriciens. Les cordistes y voient la marque d'une nouvelle révolution – la seconde – de la théorie des cordes. Elle serait enfin arrivée à maturité. C'est d'ailleurs le moment où elle gagne en généralité, au sens où les cordes vont désormais apparaître comme des cas particuliers des « branes » (mot qui vient de « membrane »). Or, ce nouveau concept va être un cheval de Troie ouvrant sur de nouveaux univers parallèles.

## Le monde des branes

L'« unification » des cinq théories des cordes opérée par Witten comporte une surprise. Ces cinq théories étaient définies dans un espace à dix dimensions. Pourtant, Witten se place dans un espace à onze dimensions ! Que vient donc faire cette dimension supplémentaire ? Elle permettrait tout simplement de parachever l'unification. Elle s'inscrit d'ailleurs dans la logique des unifications précédentes. Kaluza et Klein avaient recouru à une dimension supplémentaire pour unifier la théorie de la gravitation et celle de l'électromagnétisme, toutes deux définies dans un espace à trois dimensions. Quant à eux, les cordistes ont recouru à six dimensions spatiales supplémentaires pour unifier les quatre interactions fondamentales. De son côté, Witten recourt à une dimension supplémentaire pour unifier les cinq théories des cordes, définies quant à elles dans des espaces-temps à dix dimensions. Ainsi va la spéculation unificatrice. Bref, si les théories des cordes sont définies dans un espace à dix dimensions, la théorie-M semble devoir être définie dans un espace à onze dimensions.

Au-delà de cette alchimie dimensionnelle qui laisse entrevoir la possible existence d'une théorie du Tout, le travail de Witten entraîne une modification de la vision cordiste de l'univers. Si surprenant que cela paraisse, les cordes ne sont désormais plus les seuls objets fondamentaux de la théorie des cordes ! Maintenant, il est aussi question de « brane ». Ce concept est proche du concept de surface, sauf qu'une brane ne possède pas forcément deux dimensions. Il y a des branes à zéro dimension ; ce sont des points. Il y a des branes à une dimension ; ce sont des cordes. Il y a des branes à deux dimensions ; ce sont des membranes ou surfaces. Il y a des branes à trois dimensions ; ce sont des espaces à trois dimensions. Et ainsi de suite. Ces branes ne sont pas sans lien les unes avec les autres. Prenons, par exemple, les branes à une dimension, c'est-à-dire les cordes, qui représentent les particules élémentaires : elles peuvent être ouvertes ou fermées ; les cordes ouvertes possèdent, bien sûr, deux extrémités ; les cordes fermées aucune. Maintenant, on peut montrer que l'ensemble des extrémités des cordes ouvertes peut définir une brane à deux dimensions, trois dimensions ou plus ; la seule contrainte absolue est que la dimension de ce type de brane soit inférieure à celle de l'espace (c'est-à-dire dix dimensions spatiales). Bien sûr, ces extrémités ne sont pas fixes. Elles peuvent se déplacer sur la brane. De la même manière que les rails de chemin de fer confinent les roues des trains, tout en leur permettant de rouler, les branes confinent les extrémités des cordes tout en leur permettant de se mouvoir. Or, dans ce nouveau cadre théorique, une brane, sur laquelle des cordes ouvertes sont confinées, pourrait représenter notre univers à trois dimensions, à quelques nuances près.

De fait, de quoi est constitué notre univers ? Entre autres, des particules du Modèle standard, les photons, les électrons, les protons, etc. Ce sont toutes des particules représentées par des cordes ouvertes. S'il n'existait pas d'autres particules, on pourrait donc dire que la brane, définie par l'extrémité de toutes ces cordes, représenterait notre univers. Ce serait une brane à trois dimensions spatiales plongée dans un espace à dix dimensions. Mais, pour toutes les particules, confinées qu'elles sont dans notre brane, ces dimensions supplémentaires n'existeraient pas. Bref, étudier la dynamique de cette brane reviendrait à étudier la dynamique de notre univers. Ce n'est toutefois pas exactement comme cela que les choses se passent. Les cordes ouvertes ne représentent pas toutes les particules, puisque le graviton, censé propager l'interaction gravitationnelle, est représenté par une corde fermée. Du coup, il peut se propager en dehors de notre brane. Lui seul peut faire l'expérience des dimensions supplémentaires. Ce qui, comme on va le voir, n'est pas sans incidence sur les contraintes qui pèsent sur la taille de ces dimensions.

Dans le modèle de Kaluza et dans celui de Klein, la quatrième dimension supplémentaire était déclarée petite et enroulée sur elle-même. C'est pour cela qu'on ne l'observait pas. Chez les premiers cordistes, les dimensions supplémentaires prirent la forme de variétés de Calabi-Yau. Elles étaient toujours considérées comme très petites, au point d'être inobservables. Cette petite taille était postulée uniquement parce que ces cordistes ne voyaient pas comment il pourrait en être autrement. Mais, à la fin des années 1990, la situation change. Considérant que notre univers est une brane tridimensionnelle, des chercheurs se demandent si notre incapacité à observer les dimensions supplémentaires ne proviendrait pas simplement du fait que les particules du modèle standard sont confinées dans les dimensions usuelles. Ce changement de perspective leur permet alors d'émettre l'hypothèse qu'au moins une de ces dimensions supplémentaires est grande, éventuellement très grande, tout en restant invisible, enfin presque. Comment est-ce possible ?

Il n'est pas question d'observer directement une dimension supplémentaire. Si on pouvait y introduire des instruments de mesure pour l'ausculter, cela se saurait. En revanche, des particules pourraient éventuellement y pénétrer. Dans ce cas, leur comportement dans notre espace à trois dimensions ne devrait pas être identique au comportement qu'elles auraient si cette dimension supplémentaire n'existait pas. C'est avec cet argument que les physiciens ont toujours espéré prouver l'existence des dimensions supplémentaires. Dans les années 1990, ils estimaient ainsi qu'une dimension supplémentaire supérieure à environ $10^{-19}$ mètre devrait pouvoir être indirectement observée en laboratoire. Les particules auxquelles ils songeaient étaient les photons, les électrons et autres particules du Modèle standard, c'est-à-dire les particules qui correspondent à des cordes ouvertes. Mais si notre univers usuel à trois dimensions spatiales constitue une brane, au sein de laquelle sont confinées toutes les particules du Modèle standard, seul le graviton peut parcourir les dimensions supplémentaires (si elles existent, bien sûr). La question est donc de savoir à partir de quand le comportement de la gravitation trahira l'existence des dimensions supplémentaires.

De prime abord, on pourrait penser que cela ne changerait pas grand-chose. Ce n'est pas le cas. À la fin des années 1990, des chercheurs se rendent compte que, si l'interaction gravitationnelle est seule à se propager dans une dimension supplémentaire, aucun résultat expérimental ne serait violé tant que cette dernière est inférieure à un millimètre. Cela semble incroyable. Une dimension supplémentaire de un millimètre pourrait exister et elle serait toujours passée inaperçue ! C'est pourtant possible. Il se trouve que, jusqu'à la fin des années 1990, la loi de la gravitation n'a pas été testée sur des distances inférieures à ce millimètre. Cette difficulté à évaluer la loi de la gravitation provient du fait que cette dernière est une force extrêmement faible. Or, s'il existe une dimension supplémentaire accessible à la gravité, le comportement de cette interaction ne sera modifié que sur des échelles comparables à la taille de cette dimension. À la fin des années 1990, comme aucune expérience n'avait encore testé la loi de Newton en deçà du millimètre, certains chercheurs se sentirent autorisés à postuler l'existence d'au moins une dimension supplémentaire de cette taille. Au début des années 2000, la gravité a toutefois été testée jusqu'au dixième de millimètre. C'est plus petit que un millimètre. Mais ça reste palpable !

Ce n'est pas uniquement parce qu'elle n'est pas contredite expérimentalement que des chercheurs avancent cette hypothèse d'une « grande » dimension supplémentaire. C'est aussi parce qu'ils y voient un moyen de résoudre des énigmes de la cosmologie, en particulier l'épineux problème de la matière noire. Celle-ci provient d'un déficit de matière dans l'univers. Depuis longtemps, les astrophysiciens ont l'impression qu'ils ne voient pas toute la matière censée exister au bout de leurs télescopes. Notamment, la dynamique des galaxies ou des amas de galaxies est difficile à comprendre s'ils ne contiennent que la matière que l'on observe. Tout se passe comme si de la matière non encore observée exerçait une influence gravitationnelle sur ces ensembles d'étoiles. *A priori*, rien de surprenant. On peut penser que nos télescopes ne nous permettent pas d'observer tous les astres ou tous les nuages de poussière interstellaire ou intergalactique. Le statut de cette matière inobservable ou, comme on l'appelle souvent, cette matière noire est toutefois problématique. Pour des raisons indépendantes de cette dynamique stellaire, les astrophysiciens se rendent compte que toute cette matière noire ne peut être de la matière ordinaire, sinon leur modèle de nucléosynthèse, c'est-à-dire leur modèle de formation des éléments chimiques au tout début de l'univers, ne fonctionnerait plus. Du coup, l'une des grandes solutions à ce problème consiste à postuler que la matière noire est de nature différente de la matière usuelle de telle sorte qu'elle ne perturberait pas la formation des éléments chimiques. Ce serait une matière exotique, mais pas marginale : au milieu des années 1990, les astrophysiciens estiment, en effet, que cette matière insaisissable pourrait constituer 90 % de la matière de l'univers. L'hypothèse est osée. Pourquoi pas ! Malheureusement, voilà des années que les astrophysiciens traquent en vain cette matière[1]. L'intérêt de la quatrième dimension est qu'elle pourrait permettre de se passer de matière exotique. Si on ne la trouve pas, ce serait finalement parce qu'elle n'existe pas.

L'idée derrière cette solution de l'énigme de la matière noire est la suivante : la dynamique des galaxies et amas de galaxies, au lieu d'être influencée par de la matière exotique résidant dans les trois dimensions usuelles de l'espace, pourrait être influencée par de la matière ordinaire résidant dans une quatrième dimension. Deux possibilités se présentent alors. La première est que cette matière ordinaire se situe sur une autre brane parallèle à notre brane, c'est-à-dire dans un univers parallèle au nôtre. Ces deux branes seraient comme deux feuilles de papier parallèles éloignées l'une de l'autre d'au maximum un dixième de millimètre. Comme seule la gravitation circule d'une brane à l'autre, ou d'un univers à l'autre, ce qui nous apparaît comme un effet d'une matière noire située dans notre univers ne serait qu'un effet gravitationnel d'une matière ordinaire située dans l'univers

1. Depuis la fin des années 1990, la découverte d'une possible accélération de l'univers a rendu la situation encore plus compliquée. Il y aurait maintenant une énergie sombre qui serait responsable de cette accélération et qui constituerait environ 70 % de l'énergie de l'univers. La matière noire ne représenterait plus que 25 % de toute l'énergie et de toute la matière de l'univers. Quant à la matière ordinaire, elle n'en représenterait que 5 %.

parallèle au nôtre. La seconde possibilité est que cette matière se situe sur la même brane que celle constituant notre univers, mais celui-ci serait suffisamment courbé suivant la quatrième dimension, comme une feuille de papier pliée en deux, de sorte que la matière résidant sur un pan de la brane influencerait gravitationnellement la matière située sur l'autre pan. Dans ce cas, une galaxie pourrait être éloignée d'une autre galaxie de un dixième de millimètre dans la direction de la dimension supplémentaire, tout en étant à des milliards d'années-lumière dans les dimensions parcourues par la lumière, qui reste bien sûr confinée dans la brane. À défaut d'avoir deux univers parallèles, ce serait deux pans de notre univers, juste situés à un dixième de millimètre de distance l'un de l'autre, qui seraient parallèles.

Un dixième de millimètre, c'est beaucoup comparé à la taille minuscule des dimensions de Kaluza et Klein, mais c'est peu comparé à la taille des trois dimensions usuelles. Finalement, les dimensions supplémentaires sont-elles condamnées à rester des sous-dimensions ? C'est ce qu'ont longtemps pensé les physiciens qui s'aventuraient dans la direction des dimensions supplémentaires. À la toute fin des années 1990, ce n'est plus le cas, puisque des théoriciens avancent qu'il est possible qu'une dimension supplémentaire soit grande, très grande, au point d'être éventuellement infinie ! Ce nouveau modèle reprend certains aspects du précédent modèle cosmologique avec une dimension supplémentaire de l'ordre du dixième de millimètre. Il se libère toutefois de cette dernière contrainte dimensionnelle en s'appuyant sur les propriétés géométriques de l'espace.

Tout part de l'idée qu'une brane transporte de l'énergie. Du coup, selon la relativité générale, une brane va déformer l'espace au sein duquel elle est plongée et empêcher les gravitons de s'éloigner. Dans ce cas, il y aurait une plus forte probabilité de trouver des gravitons proches de cette brane que lointains. Avec ce mécanisme en tête, des chercheurs imaginent qu'il pourrait exister une brane avec les propriétés mentionnées ci-dessus qui « retiendrait » les gravitons, et une autre brane, parallèle à la première mais différente, qui contiendrait, quant à elle, toutes les particules du Modèle standard. C'est, bien sûr, la brane dans laquelle nous vivons : c'est notre univers. Entre les deux branes, la distance pourrait alors être beaucoup plus grande que un dixième de millimètre, puisque la gravitation serait toujours très faible à proximité de notre univers.

Là encore, ces spéculations ne sont pas complètement gratuites. Ce modèle d'univers permettrait de résoudre une autre énigme importante de la physique : pourquoi l'intensité de la gravitation est-elle beaucoup plus faible que celle des trois autres interactions ? Aucune explication n'existe. Cela dérange les physiciens puisque la gravitation est censée avoir été unie à ses consœurs au tout début de l'univers. Or, avec deux branes parallèles, dont l'une est notre univers et l'autre retient les gravitons, ce problème de la disparité des forces pourrait être résolu. Il suffit de considérer que toutes les forces ont une intensité similaire, mais que nous ne percevrions qu'un effet atténué de la gravitation, retenue qu'elle est par l'autre brane. Cette explication est suffisante pour que ce modèle trouve quelques défenseurs, du moins quelques chercheurs qui en défendent la plausibilité.

Si notre univers est une brane parallèle à une autre brane, c'est-à-dire à un autre univers, comment évolue-t-il ? C'est une question qui a bien sûr fini par tarauder les physiciens plongés dans ces dimensions supplémentaires. Au début des années 2000, deux cosmologistes en particulier, Paul Steinhardt et Neil Turok, sont ainsi conduits à revoir le modèle du big bang pour le remplacer par un modèle qu'ils appellent d'abord ekpyrotique (« ekpyrotique » vient du grec *ekpyrosis* et signifie conflagration), puis cyclique quand ils s'aperçoivent que les conflagrations en question sont amenées à se répéter. Dans ce modèle, notre univers est donc une brane, parallèle à une autre brane, plongée dans un espace à quatre « grandes » dimensions spatiales. Partant de cette configuration, Steinhardt et Turok imaginent que les deux branes pourraient s'approcher ou s'éloigner l'une de l'autre. Imaginons qu'elles soient actuellement en train de se rapprocher. Au bout d'un moment, dans plusieurs milliards d'années, elles vont entrer en collision. Le choc va libérer une très grande quantité d'énergie, et les deux branes pourraient rebondir l'une sur l'autre. La libération d'énergie entraînerait une création de matière qui resterait confinée aux deux branes en train de s'éloigner l'une de l'autre. La conflagration jouerait ainsi le rôle d'un nouveau big bang, sauf que celui-ci ne correspondrait plus à un état super-dense (avec éventuellement une singularité de l'espace-temps). On peut également imaginer que ce scénario ne décrit pas forcément le futur. Il se pourrait qu'il concerne notre passé. La matière et l'énergie constituant notre univers seraient, dans ce cas, nées de la conflagration de ces deux branes. Pourquoi ne pas imaginer que ce scénario se répète à l'infini ? C'est en tout cas l'hypothèse à laquelle sont conduits Steinhardt et Turok au fil de leur réflexion.

Le moteur du cycle cosmique pourrait être, selon eux, l'énergie du vide. Derrière cette expression il n'y a rien de vraiment mystérieux. Le vide signifie juste une absence de particules, pas une absence d'énergie. Or cette énergie du vide qui emplirait l'espace pourrait être attractive entre les deux branes. Elle pourrait notamment jouer le rôle d'un ressort de rappel. Voici comment les événements pourraient se dérouler. Partons d'un moment où les deux branes sont attirées l'une vers l'autre par l'énergie du vide. Au bout d'un moment, elles finissent par entrer en collision. Comme on l'a vu, l'énergie du choc est responsable de toute la création de matière destinée à remplir l'univers que l'on a pris l'habitude (à tort, si ce nouveau modèle est correct) de décrire à travers le scénario standard du big bang. Après le choc, les branes vont entrer dans une phase d'expansion, et les galaxies vont se former. Au fur et à mesure que les branes s'éloignent l'une de l'autre, l'énergie du vide augmente. Avec le temps, elle en vient à freiner leur éloignement jusqu'à enclencher leur rapprochement. De nouveau en mouvement l'une vers l'autre, elles vont encore une fois entrer en collision, et ainsi de suite, de telle sorte que le cycle n'a pas de fin.

Le grand intérêt de ce modèle est qu'il permet potentiellement de résoudre plusieurs anomalies du modèle du big bang (il permettrait notamment d'expliquer l'absence de monopôle magnétique, la platitude et l'homogénéité de l'univers sans recourir à la théorie de l'inflation, cf. chapitre 6). Il est bien sûr à rattacher aux modèles d'univers cycliques que l'on a évoqués précédemment. Il laisse entrevoir la possibilité d'un éternel retour ; sauf que, comme le pressentait déjà Wheeler, il est probable que chaque nouvel univers issu du choc des branes soit différent des précédents. C'est effectivement dans le choc, c'est-à-dire dans cet événement très énergétique, que se définit la physique de l'univers en train de naître. Comme il n'y a aucune raison que chaque choc soit une copie exacte du précédent, les paramètres de la physique se doivent d'être différents d'un univers à l'autre. Ce scénario d'univers parallèles ou multiples, dans un sens temporel, n'est donc pas propice à l'idée d'un retour des mêmes configurations ; à moins que l'on ne montre que le nombre d'univers possibles est nécessairement fini. Dans ce cas, on devrait retrouver des séries d'univers qui se répètent. Mais, à notre connaissance, aucun cosmologiste n'a développé cette idée. L'autre possibilité pour éventuellement retrouver des configurations identiques serait que notre brane, c'est-à-dire notre univers, soit infinie. Dans les scénarios branaires que l'on a évoqués, c'est tout à fait possible. Mais, là encore, à notre connaissance, aucun physicien travaillant dans ce domaine ne s'est penché en profondeur sur cette thématique de la répétition du Même. Comme quoi, la science de la quatrième dimension, potentiellement riche en spéculations sur les dédoublements de notre réalité, est finalement peu prolixe sur ce thème. Il se pourrait qu'un jour les cosmologistes en viennent à concevoir des séries de branes parallèles où des histoires plus ou moins identiques pourraient se reproduire. Force est de constater que nous n'en sommes pas là. Pour retrouver ce type de spéculations, il faut se tourner vers d'autres modèles cosmologiques où le multivers n'a pas forcément plus de trois dimensions spatiales, mais où les univers sont créés en permanence… De quoi donner sa chance à la réalisation de tous les possibles !

## Chapitre 6

# Une création permanente d'univers

Si Zinedine Zidane n'avait pas donné un coup de tête au joueur italien Marco Materazzi lors de la finale du Mondial de football en 2006, l'équipe de France aurait gagné la coupe ! Un tel jugement a parfois été prononcé par des supporteurs français frustrés d'une victoire qui leur semblait acquise. Mais est-ce vrai ? L'équipe de France auraitelle gagné sans ce coup de tête ? Pour que ce soit nécessairement le cas, il faudrait que, dans tous les mondes possibles, où des homologues de Zidane n'ont pas donné de coup de tête, l'équipe de France ait été victorieuse. Ces mondes possibles existent-ils au même titre que le nôtre ? Il semble n'y avoir aucune raison de le penser, juste comme cela, gratuitement. Pour des raisons de pure logique, le très sérieux philosophe David Lewis a pourtant avancé, premièrement, que notre univers tout entier n'est qu'un monde particulier au sein d'une vaste pluralité de mondes, tous spatiotemporellement isolés les uns des autres ; et, deuxièmement, que tout ce qui aurait pu se produire dans notre monde se réalise concrètement dans l'un de ces mondes. Il existerait donc des mondes aussi concrets que le nôtre où Zidane n'a pas donné de coup de tête à Materazzi.

L'œuvre majeure de Lewis, décédé en 2001, s'intitule *Sur la pluralité des mondes* (*On the Plurality of Worlds*, 1986). Pour justifier l'existence d'une multitude de mondes où tous les possibles se réalisent, il faisait d'abord remarquer que ces mondes ont un rôle très important à jouer dans le nôtre puisqu'on ne peut les penser qu'en les ayant intellectuellement à notre disposition. De fait, il n'y a pas de raisonnement possible sans se demander si on n'aurait pas pu « mettre Paris en bouteille », c'est-à-dire sans faire référence à des mondes possibles ou impossibles. Ensuite, Lewis utilisait l'analogie des mathématiques. Par le raisonnement, n'en vient-on pas à croire à l'existence d'entités mathématiques ? Si ces dernières donnent l'impression d'avoir été découvertes, et non pas inventées, c'est parce qu'elles existent indépendamment de nous, disent certains mathématiciens. De la même manière, Lewis tenta de montrer que les mondes possibles auxquels on fait implicitement référence dans nos raisonnements, comme ceux concernant le coup de tête de Zidane, semblent avoir un statut identique au monde dans lequel nous vivons. Ces mondes sont juste différents et situés dans un ailleurs indéfini. C'est la logique qui suscite cette idée, exactement comme les raisonnements mathématiques incitent à croire à l'existence des triangles, des carrés et autres entités mathématiques.

Force est de constater que Lewis n'a pas convaincu beaucoup de ses collègues. Cette réticence des philosophes n'a pas empêché des physiciens de développer allègrement la théorie d'Everett et d'affirmer, comme Lewis, que tous les possibles se réalisent dans une multitude d'univers. On dit souvent que les philosophes sont moins frileux que les scientifiques en termes de spéculations. Il semble donc que ce ne soit pas toujours le cas. Pour en donner une preuve supplémentaire, il nous reste à montrer que cette audace spéculative se retrouve également chez des cosmologistes qui, dans le cadre de modèles prévoyant une création permanente d'univers, reprennent à leur tour cette idée d'une réalisation de tous les possibles.

## Naissance de l'inflation

Cette nouvelle aventure des univers parallèles ou multiples commence au début des années 1980. À l'époque, la cosmologie est très peu pluraliste. Les univers cycliques restent des solutions marginales. Les conceptions de Blanqui et de Boltzmann sont oubliées ou jugées absurdes. La seule idée d'univers parallèles quelque peu présente sur le marché vient de la mécanique quantique. Comme on l'a vu, elle commence à séduire des cosmologistes, mais suscite peu d'intérêt dans le reste de la communauté. L'heure est au big bang simple et unique. Ce modèle d'univers est effectivement devenu hégémonique. Très peu d'astrophysiciens et de cosmologistes contestent sa pertinence. Si Fred Hoyle persiste à le rejeter, il est très isolé. Le big bang fournit alors un cadre parfait pour penser l'unification des quatre forces fondamentales de la nature. Le rêve de l'unité et celui de l'origine vont pouvoir se conjuguer. De cette union sort un scénario de l'histoire de l'univers où l'on voit l'unité primordiale se fissurer rapidement et où l'on suit la mise en place progressive des différentes structures de la matière. Comme dans un récit mythologique où quatre chevaliers suivent quatre chemins différents pour construire un monde, les quatre interactions fondamentales se séparent pour façonner l'univers.

À l'époque, les cosmologistes ne s'entendent pas sur l'âge de cet univers. Il aurait entre 10 et 20 milliards d'années. Mais ces désaccords n'ont pas d'incidence sur le scénario global de son histoire. Au tout début de l'univers, il y a unité profonde des quatre forces fondamentales. Toutes les interactions physiques sont indiscernables. L'univers est alors très dense et très chaud, peut-être même infiniment dense et infiniment chaud. Puis son expansion entraîne un refroidissement et une dilution progressifs de la matière le constituant. Au fur et à mesure que la température décroît, des processus appelés « transitions de phase » ou « brisures de symétrie » convertissent l'unique interaction d'abord en deux interactions (électronucléaire et gravitationnelle), puis en trois (électrofaible, nucléaire forte, gravitationnelle), et enfin en quatre interactions (électromagnétique, nucléaire faible, nucléaire forte et gravitationnelle). Ce passage du Un au Quatre s'est produit en un temps très court, en une fraction de seconde (environ $10^{-10}$ seconde). À partir de ce moment, les différents constituants élémentaires de la matière sont présents dans l'univers. Au bout de 180 secondes environ, alors que l'expansion a continué sa course et que l'univers s'est encore refroidi, ces constituants élémentaires se combinent pour former les premiers noyaux d'atomes. Trois cent quatre-vingt mille ans passent, et c'est au tour des premiers atomes de voir le jour. Enfin, longtemps après, environ 700 millions d'années plus tard, la gravitation condense ici ou là cette matière, suivant les zones où elle est le plus dense : les premières galaxies et premières étoiles apparaissent.

Ce scénario est beau, immanquablement. Mais il y a un hic. Dans le modèle d'unification sur lequel il se fonde, des monopôles magnétiques doivent apparaître. Que représentent ces objets physiques exotiques ? Tout le monde sait qu'un aimant possède deux pôles, un pôle nord et un pôle sud. Les pôles identiques de deux aimants se repoussent ; les pôles distincts s'attirent. Si vous cassez un aimant en deux, vous n'aurez pas, d'un côté, le pôle nord et, d'un autre, le pôle sud. Chaque morceau de l'aimant cassé présentera à nouveau deux pôles, un pôle nord et un pôle sud. Personne n'a jamais observé un pôle tout seul, c'est-à-dire un monopôle magnétique. Or, de la même manière qu'elles prévoient des charges électriques positives et négatives, les théories d'unification prévoient l'existence de monopôles magnétiques. Ils devraient même être suffisamment nombreux et « visibles » pour être facilement observables. Mais les astrophysiciens ont beau les traquer, ils reviennent bredouilles. Où sont-ils donc ? C'est l'une des grandes énigmes auxquelles sont confrontés les théoriciens de la physique en ce début des années 1980. Pour la résoudre, un mécanisme dit de l'inflation va être inventé.

Tout commence véritablement en 1981. C'est l'année où le physicien Alan Guth avance qu'au tout début de l'univers un mécanisme d'expansion exponentielle – qu'il baptise inflation – a provoqué une telle dilution des monopôles qu'il est normal qu'on ne les observe pas. Avec ce mécanisme, les théories d'unification n'ont donc plus à être remises en cause. Sans l'avoir prévu, Guth découvre que ce n'est pas le seul intérêt de l'inflation. Lui qui était physicien des particules, et non cosmologiste, il avait été conduit à l'invention de ce scénario de l'inflation par l'énigme des monopôles. Mais voilà qu'il prend connaissance chemin faisant de deux anomalies du modèle du big bang, identifiées une dizaine d'années plus tôt : l'homogénéité et la platitude de l'univers. Heureuse surprise ! Il se rend compte que son mécanisme d'inflation pourrait les résoudre toutes deux. Comment ? Pour le comprendre, commençons par dire un mot du problème de l'homogénéité.

En observant le ciel dans sa globalité, les astronomes remarquent que sa température est particulièrement uniforme ou homogène. Cette observation concerne le rayonnement à 3 K, censé provenir de l'époque de la recombinaison, quand les premiers atomes se sont formés, vers 380 000 ans. *A priori*, pas de quoi fouetter un chat avec cette homogénéité. Cependant, pour que la température d'un milieu soit uniforme, il faut que toutes les parties de ce milieu aient eu le temps d'interagir entre elles d'une façon ou d'une autre, de sorte que l'énergie ait pu se répartir équitablement. Un verre d'eau posé au milieu d'une pièce met un certain temps pour atteindre la température ambiante. Ce n'est pas instantané. Or la durée écoulée entre le big bang et l'époque de la recombinaison est trop courte pour que toutes les régions de l'univers que l'on observe maintenant aient eu le temps d'interagir. Comment le rayonnement à 3 K est-il donc devenu homogène ? On peut supposer qu'il était homogène dès le départ. C'est effectivement possible. L'explication semble toutefois un peu courte pour de nombreux physiciens. Pourquoi l'univers était-il à ce point homogène dans un passé très reculé ? Le postuler n'est pas répondre à la question : c'est partir de ce à quoi l'on veut arriver. Telle est l'énigme de l'homogénéité.

Passons maintenant au problème de la platitude de l'univers. L'un des paramètres de l'univers est sa courbure. Celle-ci dépend de la densité d'énergie et de matière de l'univers. Celui-ci peut être fermé, si sa densité est supérieure à une densité critique ; ouvert, si sa densité est inférieure à la densité critique ; ou plat, si sa densité est exactement égale à la densité critique. Cette dernière situation est instable. Si la densité de l'univers est exactement égale à la densité critique, elle le restera toujours, c'est-à-dire que l'univers restera toujours plat. En revanche, si, juste après le big bang, la densité est légèrement inférieure ou supérieure à cette densité critique, l'écart doit croître rapidement au fil du temps. Dans les années 1970, les astrophysiciens estiment que le rapport de la densité de matière et d'énergie à la densité critique est relativement proche de l'unité. Ce qui implique que, une fraction de seconde après le big bang, ce même rapport devait être quasi égal à l'unité, au milliardième près. L'univers devait donc être d'une platitude quasi parfaite. Pourquoi pas ! Mais cela a encore tout d'une curieuse coïncidence. Voilà ce que l'on appelle l'« énigme de la platitude ».

Ce sont ces trois énigmes que le mécanisme de l'inflation prétend résoudre. Guth s'appuie sur les théories d'unification, celles qui décrivent ce qui est censé se passer quand l'univers n'est vieux que d'une minuscule fraction de seconde. Rien n'est vraiment sûr dans cette physique des hautes énergies. Ce qui n'empêche pas Guth de considérer que, au tout début de l'univers, il y aurait eu comme une transition de phase – c'est-à-dire quelque chose d'analogue au passage de l'eau liquide à la glace – qui aurait provoqué une expansion faramineuse pendant une fraction de seconde. C'est vraiment faramineux et c'est vraiment très rapide. Ainsi, juste après le big bang (environ $10^{-35}$ seconde après), l'univers aurait, pendant une période très brève (de l'ordre de $10^{-32}$ seconde), vu son expansion s'accélérer considérablement, de sorte que les distances auraient été multipliées des milliards de milliards de milliards de fois (peut-être d'un facteur $10^{50}$ ; ou $2^{100}$ en considérant que les distances doublent toutes les $10^{-34}$ seconde). C'est bien plus que la dilatation imaginaire d'un noyau atomique qui serait devenu aussi grand qu'une sphère centrée sur le Soleil et dont la circonférence engloberait les étoiles les plus proches – dilatation imaginaire, puisque les atomes ne se dilatent pas avec l'expansion. À titre de comparaison, les distances n'auraient crû que d'un facteur 10 000 (soit $10^4$) pendant les dix derniers milliards d'années : une portion de l'espace de la taille d'un noyau atomique (environ $10^{-14}$ mètre) se serait ainsi transformée en une région de la taille d'un atome (environ $10^{-10}$ mètre). Quoi qu'il en soit, après cette expansion exponentielle, l'univers aurait repris son taux d'expansion normal, plus ou moins celui qu'il a actuellement.

Comment ce mécanisme permet-il d'expliquer l'homogénéité et la platitude de l'univers ? C'est relativement simple. La portion de l'univers correspondant à celle qui est actuellement visible était juste après le big bang, dans le scénario avec inflation, beaucoup plus petite qu'elle ne l'était dans le scénario sans inflation. Étant plus petite, cette portion d'univers a eu le temps de s'homogénéiser et d'atteindre un équilibre thermique. C'est tout. Quant à la platitude, elle s'explique par un effet de perspective. L'univers s'étant « agrandi » considérablement en une fraction de seconde, sa courbure paraît moins importante, de la même manière que la surface d'un ballon gonflé apparaît presque plate si on la regarde sur une petite portion ; si nous étions sur le ballon et qu'il devenait aussi gros que la Terre, il nous apparaîtrait plat, de la même manière que, sur la plage, la ligne d'horizon paraît plate. Bref, avec l'inflation, les cosmologistes n'ont plus à postuler une platitude et une homogénéité quasi parfaites au tout début de l'univers. Sans caractéristiques vraiment particulières avant l'inflation, celle-ci rend l'univers visible plat et homogène. Avec l'explication de l'absence des monopôles magnétiques, ce sont là deux coups de maître supplémentaires pour le mécanisme de l'inflation.

Guth a de quoi être satisfait. Mais tout ne tourne pas rond. Après la publication de son article en 1981, il comprend que le mécanisme de l'inflation qu'il a mis en avant ne fonctionne pas aussi bien qu'il l'avait voulu. Heureusement pour lui, d'autres mécanismes d'inflation plus efficaces vont rapidement être proposés par d'autres physiciens et cosmologistes. La partie semble sauve, même si, face au grand nombre de mécanismes d'inflation proposés, quelques chercheurs ironisent sur l'inflation des mécanismes de l'inflation. Cependant, ce n'est pas le plus grave. Le problème majeur est que tous ces mécanismes d'inflation reposent sur des entités physiques dont l'existence et le comportement ne sont sûrs pour personne. Notamment, de tous ces travaux émerge l'idée que le processus inflationnaire serait le résultat de l'évolution d'un champ – au sens de champ magnétique – appelé « inflaton ». La démarche n'est pas absurde. Les physiciens sont libres de faire des hypothèses, à partir du moment où certaines prédictions qu'ils font à partir de ces hypothèses en viennent à être vérifiées expérimentalement. Il n'empêche que, quand le mécanisme de l'inflation a fait son apparition dans la littérature scientifique au début des années 1980, il n'a pas toujours été très bien perçu. Beaucoup y voyaient un mécanisme *ad hoc*, c'est-à-dire fondé sur des hypothèses gratuites, juste inventées sans autre justification que de résoudre un problème donné (ici, le problème des monopôles magnétiques, puis de l'homogénéité et de la platitude de l'univers). Il plaisait davantage aux physiciens théoriciens versés dans les théories d'unification qu'aux astrophysiciens.

Ce désamour ne va pas durer longtemps. Rapidement, les partisans de l'inflation découvrent qu'elle permet de rendre compte d'un phénomène n'ayant joué aucun rôle dans son émergence : la formation des galaxies. Dans le scénario du big bang, les galaxies ont commencé à se former quand l'univers était vieux de quelques centaines de millions d'années à partir de petites fluctuations de densité. Les régions plus denses attirant davantage de matière que les régions moins denses (puisque la gravité des premières est plus forte que celle des secondes), ces petites fluctuations se sont accentuées, jusqu'à ce que des galaxies se soient formées, laissant entre elles des espaces relativement vides. Il ne faut pas que ces fluctuations aient été trop faibles, autrement les galaxies n'auraient pas eu le temps de se former ; pas trop fortes non plus, autrement elles auraient engendré des objets plus denses que les galaxies. Or le mécanisme de l'inflation conduit à une prédiction pour le spectre des fluctuations ou inhomogénéités qui correspondent globalement à ce scénario de formation des galaxies. C'est ce nouveau succès qui permet à l'inflation d'asseoir sa crédibilité. Petit à petit, les astrophysiciens l'adoptent. À partir des années 1990, elle fait partie du modèle standard du big bang.

## L'inflation et la multiplication des univers

Le scénario de l'inflation – dont il existe plusieurs mécanismes – est loin d'être un petit ajout technique au scénario du big bang. Il en modifie globalement la signification vis-à-vis de l'univers observable. Il faut bien comprendre que, au cours du processus inflationnaire, la matière déjà présente est considérablement diluée au point de quasi disparaître de l'univers visible. C'est pour cela que l'on ne voit pas les monopôles magnétiques. D'où vient donc la matière constituant cette portion d'univers, celle qui forme les galaxies, les étoiles, les planètes et tout ce que l'on perçoit ? Pour répondre à cette question, il faut revenir un peu plus en détail sur l'inflation. Le moteur du processus inflationnaire est ce champ appelé inflaton. Pendant l'inflation, son état correspond à une sorte de très fort champ gravitationnel répulsif (répulsif puisqu'il provoque une expansion et non une contraction comme le ferait un champ gravitationnel classique). Après un certain temps, il change d'état, et l'inflation s'arrête. C'est au cours de cette transition qu'une énorme quantité d'énergie est « libérée » – de la même manière que le passage de l'eau liquide à la glace libère de la chaleur – et se transforme en matière : la matière qui forme le monde qui nous entoure. Le changement de perspective que ce processus implique est considérable. Toute la matière actuellement visible a été créée, non pas directement lors du big bang, mais à l'issue du processus inflationnaire. Autant considérer que, symboliquement, la fin de l'inflation joue désormais le rôle que jouait précédemment le big bang. Ou, pour le dire autrement, l'univers visible n'est plus le fils du big bang ; il est désormais le fils de la phase terminale de l'inflation, et le petit-fils du big bang. Pour simplifier, appelons « big bang », avec guillemets, la phase terminale de l'inflation, puisqu'elle est responsable de la création de la matière de notre univers.

Pour important qu'il soit, ce n'est pas le seul bouleversement conceptuel qu'apporte l'inflation. Dès le milieu des années 1980, deux cosmologistes en particulier vont montrer que le processus inflationnaire pourrait être responsable d'une création permanente d'univers. Il s'agit d'Andrei Linde et d'Alex Vilenkin. Comment sont-ils arrivés à cette conclusion ? Ils ont tout simplement remarqué qu'il n'y avait aucune raison pour que le changement d'état de l'inflaton soit uniforme et simultané en tout point de l'espace. C'est plutôt l'inverse qui serait vraisemblable. Quand l'inflation s'arrête dans une région, elle continue dans d'autres régions de l'espace. Et quand elle s'arrête quelque part dans ces autres régions, elle ne le fait pas de manière identique. Comme chaque phase terminale de l'inflation correspond à un « big bang », partout où l'inflation s'est arrêtée un univers est né. À chaque fois, c'est un univers différent, puisque c'est un « big bang » différent. Dans les régions où elle ne s'est pas arrêtée, l'expansion faramineuse de l'univers continue. Les régions post-inflationnaires forment donc des univers dans un espace s'étendant de façon exponentielle ; ils se trouvent éparpillés au sein d'une sorte de mer inflationnaire.

On pourrait penser qu'il existe un moment où, globalement, l'inflaton a fini ou finira de changer d'état, c'est-à-dire un moment où la création d'univers s'est arrêtée ou s'arrêtera. Selon nos deux cosmologistes, il n'en est rien. La raison est que deux phénomènes antagonistes, chacun situé dans des régions différentes, entrent en compétition : d'un côté, il y a des régions où l'inflaton change d'état (ce qui correspond à des formations d'univers) ; de l'autre, des régions, où l'inflaton n'a pas changé d'état, qui continuent à suivre une expansion exponentielle. Or, le second processus serait nettement plus important que le premier. Du coup, l'inflation continuera indéfiniment. C'est pour cela que ce type d'inflation a été rebaptisée « inflation éternelle ».

Pour mieux comprendre ce processus inflationnaire, il est possible de recourir à l'analogie de la prolifération des bactéries. Ces dernières se reproduisent par division et sont éventuellement détruites par des anticorps. Si le taux de destruction est plus rapide que celui de reproduction, les bactéries vont disparaître. Si ce n'est pas le cas, les bactéries vont proliférer. Ce type de compétition entre deux processus antagonistes est similaire à celui de l'inflation, sauf que c'est toujours l'inflation qui gagne : les régions de l'espace où l'inflaton n'a pas encore changé d'état croissent plus vite que celles où il change d'état ; les premières ne cessent donc de s'étendre. Comme c'est au sein de celles-ci que de nouveaux univers apparaissent, ce processus entraîne une création croissante d'univers.

Ce n'est pas tout. Dans un univers, c'est-à-dire dans une région où l'inflation s'est arrêtée, l'inflaton n'a pas disparu. Il serait juste dans son état minimal d'énergie et continuerait à fluctuer. Or, même si la probabilité qu'il se retrouve dans l'état d'énergie qui avait enclenché le processus inflationnaire est très faible, elle n'est pas nulle. Ce qui veut dire qu'au sein même d'un univers une infime région pourrait donner naissance à un autre univers, qui, à son tour, pourrait donner naissance à un autre univers, et ainsi de suite pour l'éternité. Non seulement une infinité d'univers indépendants sont créés en permanence dans la mer inflationnaire, mais chaque univers peut engendrer d'autres univers, qui, à leur tour, peuvent engendrer d'autres univers. Décidément, l'inflation est une formidable machine à créer des univers.

Bien sûr, tous ces univers sont différents, puisque l'inflaton ne change pas d'état de la même façon partout. Or, pour les physiciens qui travaillent sur les théories de l'unification, la façon dont l'inflaton change d'état va être en partie responsable de la physique qui régnera dans l'univers créé. C'est que le changement d'état de l'inflaton intervient avant que les quatre forces fondamentales ne se soient séparées. Et la façon dont elles se séparent, donc la façon dont les paramètres physiques se fixent, dépend de la façon dont l'inflaton change d'état. Bref, chaque univers créé est différent des autres. D'un univers à l'autre, les masses des particules élémentaires, l'intensité des interactions, le taux d'expansion, etc., peuvent varier. Comme le processus de création d'univers n'a pas de fin[1], tous les

1. Savoir si le processus inflationnaire a un début est sujet à débats parmi les promoteurs de l'inflation. Si ce n'est pas le cas, le multivers n'aurait ni fin ni commencement. On retrouverait ainsi une idée chère à Fred Hoyle, lui qui a été si souvent méprisé par ses pairs pour son refus de concevoir une naissance de l'univers. En outre, par une nouvelle ironie de l'histoire des sciences, l'inflaton auquel recourent allègrement les cosmologistes de nos jours n'est mathématiquement pas fondamentalement différent du champ de création de matière dont Hoyle, sous l'œil sceptique de ces mêmes cosmologistes, avait postulé l'existence pour rendre compte d'une création permanente de matière dans son modèle d'univers stationnaire.

possibles en termes de paramètres vont pouvoir se réaliser. Certains univers ont déjà été créés, d'autres sont en train d'être créés ; d'autres encore le seront un jour. Pas de doute possible : l'inflation permet de retrouver le principe de plénitude à l'heure des théories de grande unification[1].

Ce scénario trouve d'ailleurs une variante dans le modèle des cordes. Comme on l'a vu (cf. chapitre 5), les théoriciens des cordes essaient d'unifier les quatre interactions fondamentales de la nature en recourant au concept de corde. Ironiquement, cette approche a conduit à une multitude hallucinante de théories décrivant différents univers sans que personne sache si une seule de ces théories décrit correctement notre univers (il y aurait des milliards de milliards de milliards de théories ; des chercheurs parlent de $10^{500}$ théories, d'autres estiment que leur nombre est infini). Toute la question pour ces théoriciens est de savoir comment déterminer la bonne théorie. Certains critiques de l'approche cordiste avancent que cette tâche est probablement impossible à réaliser. D'où l'impasse dans laquelle serait cette approche. Pour les théoriciens des cordes, ce n'est pas forcément un problème. S'il n'y a rien dans le

1. Remarquons que cette conception n'est pas identique à celle des univers parallèles de la mécanique quantique (cf. chapitre 3). Si ces derniers existent, ils subissent tous le processus inflationnaire. C'est du moins ce que pense un chercheur comme Alex Vilenkin. On aurait ainsi un redoublement du principe de plénitude. Cependant, un chercheur comme Leonard Susskind estime que les univers multiples de l'inflation et les univers parallèles de la mécanique quantique pourraient être deux perspectives différentes du même multivers. Mais, à notre connaissance, aucune argumentation précise ne vient appuyer cette conclusion.

modèle des cordes qui permette de sélectionner la théorie qui correspondrait au seul univers censé exister, c'est peut-être parce que toutes ces théories correspondent aux différents univers engendrés par le processus inflationnaire. Le modèle des cordes ne décrirait donc pas notre univers, mais le multivers. C'est ainsi que ce modèle des cordes vient contribuer à la thèse des univers multiples dans le cadre du scénario inflationnaire. Ce n'est pas une alternative à ce scénario : c'est juste une autre manière de rendre compte de la diversité des univers qui apparaissent dans le scénario inflationnaire. Pour trouver une véritable alternative à ce processus de création d'univers, il faut se tourner vers la théorie des trous noirs.

## Les trous noirs et la multiplication des univers

Qu'est-ce qu'un trou noir ? On pourrait répondre : un astre fascinant. Ce qu'il est, assurément. Mais il est bien plus. Un trou noir a en effet tout d'un univers ! Pour le comprendre, rien de tel que de commencer par revenir sur l'origine et le destin d'un univers. D'après la théorie de la relativité générale, un univers en expansion est censé naître d'une singularité de l'espace-temps. Le problème est que la relativité générale ne s'applique pas aux tout premiers instants de l'univers. Pour cela, il faudrait qu'elle soit capable de rendre compte des phénomènes quantiques censés dominer à cette époque. Ce n'est pas le cas. Il se pourrait donc que les effets quantiques empêchent la singularité de se produire. Du coup, il n'y aurait pas nécessairement de naissance de l'univers à proprement parler. Le temps pourrait s'étirer indéfiniment vers le passé.

Maintenant, que se passera-t-il dans le futur ? L'univers continuera-t-il son expansion ou s'effondrera-t-il sur lui-même ? Cela dépend de sa densité. S'il venait à s'effondrer sur lui-même, les effets quantiques là aussi pourraient empêcher qu'une singularité n'apparaisse. L'univers retrouverait l'état qu'il avait lors du big bang. Il pourrait « rebondir » sur lui-même et entrer de nouveau dans une phase d'expansion. C'est le scénario de l'univers cyclique. On ne sait pas avec certitude si ce scénario correspond à celui de notre univers – de nos jours, les cosmologistes pensent plutôt que non –, mais on connaît des objets qui s'effondrent sur eux-mêmes : ce sont les étoiles, quand elles ont fini de consommer leur combustible nucléaire. Si l'étoile est suffisamment massive, rien ne peut arrêter ce processus d'effondrement. Elle donne alors naissance à un trou noir.

Pour s'extraire de l'attraction gravitationnelle de la Terre, il faut qu'une fusée ait une vitesse minimale. Avec un trou noir, la situation serait similaire, sauf que c'est un astre si compact qu'il empêche toute forme de matière et de rayonnement, dont la lumière, de s'en échapper. C'est pour cette raison qu'un trou noir est… noir et que l'on ne peut jamais en observer directement. On peut néanmoins voir les objets qui s'en approchent, jusqu'à une certaine distance. Un trou noir est en effet entouré d'une surface fictive, appelée « horizon », qui forme la limite de ce que l'on peut observer. Venant de l'extérieur, un objet peut franchir cet horizon, mais, une fois à l'intérieur, il ne peut en ressortir. Que se passe-t-il à l'intérieur de cet horizon, au cœur du trou noir ? Probablement la même chose qu'à l'intérieur d'un univers en train de s'effondrer. Comme un univers qui rebondit pour donner naissance à un autre univers, l'effondrement de la matière au cœur d'un trou noir serait peut-être équivalent à un big bang d'où naît un univers. Ce nouvel univers est, bien sûr, invisible de l'extérieur de l'horizon. Il n'empêche qu'il pourrait se développer dans une autre structure spatio-temporelle que celle de l'univers dans lequel le trou noir se trouve, puis engendrer son lot de galaxies, d'étoiles et de planètes, et éventuellement d'êtres intelligents qui penseront être les habitants d'un univers unique.

Ces idées sur les trous noirs ont mis du temps à faire leur chemin dans la communauté scientifique. Le trou noir, comme solution possible des équations de la relativité générale, apparaît dès 1915. Pendant longtemps, il reste une curiosité mathématique. Ce n'est vraiment qu'à partir des années 1960 que son existence commence à être prise au sérieux par les astronomes. Il faut ensuite attendre les années 1980 pour que l'idée d'un univers naissant dans un trou noir soit popularisée. Enfin, au début des années 1990, l'idée d'utiliser ce concept de « bébé univers » issu d'un trou noir apparaît pour expliquer l'extraordinaire ajustement des paramètres de l'univers au développement de la vie. Un cosmologiste en particulier se distingue dans cette démarche. Il s'agit de Lee Smolin.

L'idée phare de Smolin est qu'un processus de sélection naturelle pourrait s'appliquer aux univers issus des trous noirs. Son raisonnement est le suivant. D'abord, il reprend l'idée de John Wheeler, selon laquelle, lors d'un rebond après effondrement, les paramètres du nouvel univers sont différents de ceux de l'univers d'origine. Smolin estime juste que cette modification des paramètres est relativement faible. Appliqué aux trous noirs, cela veut dire que, à chaque fois qu'un univers est créé, ses paramètres sont légèrement différents de ceux de l'univers d'origine. Dans le nouvel univers, de nouveaux trous noirs apparaîtront. Si la légère modification des paramètres favorise l'apparition de trous noirs, ces derniers apparaîtront en plus grand nombre que dans l'univers d'origine. Inversement, si la légère modification des paramètres est moins propice à l'apparition de nouveaux trous noirs, il y aura moins de trous noirs que dans l'univers d'origine. Or ce phénomène se reproduit pour chaque trou noir créé : plus un univers est favorable à la formation des trous noirs, plus il y aura parmi ces derniers des trous noirs qui auront à leur tour tendance à générer des univers propices à la formation de trous noirs. Et ainsi de suite. Au fil du temps, on assiste donc à une production croissante d'univers favorables à la formation de trous noirs aux dépens d'univers peu favorables à leur formation. Bref, plus le temps passe, plus il y a d'univers propices à la formation de trous noirs.

Voilà pour le mécanisme de sélection naturelle appliqué aux trous noirs ou aux univers. Là-dessus, Smolin estime que les conditions physiques favorables à l'apparition des trous noirs sont plus ou moins les mêmes que celles qui sont favorables à l'apparition de la vie. En deux mots, disons que les conditions d'apparition des trous noirs correspondent aux conditions d'apparition de certains types d'étoiles, qui, elles-mêmes, correspondent *grosso modo* aux conditions nécessaires à l'apparition de la vie. Il n'est donc pas surprenant qu'un univers dans lequel la vie a pu se développer soit apparu. C'est une situation qui devait apparaître avec le temps, comme une conséquence d'un processus de sélection naturelle des univers, et cela quelle que soit la configuration de l'univers de départ (il faut juste que le premier univers puisse s'effondrer sur lui-même ou qu'il soit capable de générer des trous noirs).

## Le multivers ultime

Quel que soit le modèle de multivers jusqu'ici envisagé, à chaque fois les lois physiques restent les mêmes dans tous les univers. Seuls les conditions initiales et les paramètres de ces lois (valeur de telle ou telle constante physique) peuvent changer. Ne pourrait-on pas imaginer des univers avec des lois structurellement différentes ? Par exemple, des univers où il n'y aurait pas besoin de recourir à la mécanique quantique ; des univers où le temps n'existerait pas ; des univers où il n'y aurait que trois interactions fondamentales… Cela correspondrait à un autre type d'univers multiples. Comme on pouvait s'y attendre, des chercheurs se sont aventurés dans cette direction. De nos jours, l'avocat le plus fervent de ce nouveau type d'univers parallèles ou multiples est certainement le physicien Max Tegmark.

Pour ce chercheur, convaincu qu'il est de l'existence d'univers parallèles, la question n'est plus de savoir s'il existe d'autres univers, mais de savoir jusqu'où il est possible d'aller dans la conception d'univers multiples. N'ayant pas froid aux yeux, il ajoute, aux différents types d'univers parallèles ou multiples déjà mentionnés, des univers qui diffèrent entre eux par leur structure mathématique sous-jacente. Comment en est-il venu à cette position ?

Tegmark part du postulat qu'il existe une réalité indépendante de ceux qui la perçoivent, en particulier les êtres humains. Position difficilement contestable. Il fait d'ailleurs remarquer que cette réalité indépendante est ce que les physiciens cherchent à définir. L'entreprise n'est pas aisée : même les théories qui fonctionnent le mieux, comme la relativité générale et la mécanique quantique, ne décrivent pour l'instant qu'une partie de cette réalité. En outre, pour faire écho au monde que nous percevons, ces théories recourent à des concepts (étoiles, molécules, etc.) dont il n'est pas dit qu'ils aient un sens pour des êtres radicalement différents. Du coup, une description de la réalité telle qu'elle est en elle-même ne devrait évoquer que les relations que des objets abstraits ont entre eux. Pour un logicien moderne, une structure mathématique est précisément cela. C'est un ensemble d'entités abstraites définies par les relations qu'elles ont entre elles. Du coup, Tegmark en arrive à la position suivante : croire à une réalité indépendante des êtres humains revient à croire que la réalité est une structure mathématique. C'est ce qu'il appelle l'« hypothèse de l'univers mathématique ». Non seulement le monde est mathématique, mais tout dans le monde est mathématique, vous inclus.

Cette idée n'est, bien sûr, pas nouvelle. Depuis longtemps, deux paradigmes mathématiques s'opposent. Selon le premier, que l'on pourrait appeler « aristotélicien », les mathématiques ne sont qu'un outil créé par les hommes pour décrire le monde. Selon le second paradigme, que l'on pourrait appeler « platonicien », les mathématiques sont la véritable réalité ; le reste n'est qu'une image déformée de cette réalité ultime. Quel est le bon paradigme ? Le débat est toujours ouvert entre philosophes. En tout cas, sans hésiter, Tegmark opte pour le second en s'appuyant sur le fait que les mathématiciens ont l'impression de découvrir plutôt que de créer les structures mathématiques qu'ils étudient. Cette vision platonicienne permet également d'expliquer pourquoi les mathématiques sont si efficaces pour décrire le monde – énigme qui n'a jamais cessé d'intriguer les physiciens. Se pose alors la question de savoir pourquoi le monde s'identifie à telle structure mathématique plutôt qu'à telle autre. C'est une question qui ne se poserait pas dans le paradigme aristotélicien. Dans celui-ci, il n'y a pas lieu de se demander pourquoi l'univers est tel qu'il est. Il est ce qu'il est. Il n'y a ensuite qu'à inventer la mathématique la plus adaptée pour le décrire. Mais, dans le paradigme platonicien, on peut se demander si l'univers n'aurait pas pu se trouver dans une autre structure mathématique que celle dans laquelle il est. Sauf que, si toutes les structures mathématiques sont réelles, cette question n'a plus à se poser. Nous et notre monde avons juste la particularité d'être telle ou telle structure mathématique plutôt que telle autre.

Tegmark opte pour ce pluralisme et estime donc qu'il n'y a aucune raison de considérer que la réalité dans sa totalité correspond à une unique structure mathématique. Pour lui, toutes les structures mathématiques existent physiquement, et chaque grande structure correspond à un type d'univers parallèles ou multiples. S'il y a une structure mathématique qui est notre multivers, et si ses propriétés correspondent à nos lois physiques, alors chaque structure mathématique avec ses propriétés est un autre multivers avec ses propres lois. Bien sûr, ces univers ne résident pas au sein de la même structure spatio-temporelle, mais en dehors de l'espace et du temps. Ou plutôt, ce sont les différentes structures mathématiques qui définissent les différentes structures spatio-temporelles.

Cet ultra-platonisme de Tegmark n'est pas gratuit. Selon lui, c'est la conception la plus simple de la réalité. De fait, la description d'un ensemble complet est toujours plus simple que celle de l'un de ses sous-ensembles. Par exemple, l'ensemble des entiers naturels (1, 2, 3...) peut être décrit de façon triviale, alors qu'il est plus compliqué de décrire celui des nombres premiers (les entiers naturels qui ne sont divisibles que par l'unité ou par eux-mêmes). C'est la même chose en cosmologie. Pour décrire un univers en particulier, il faut ajouter des éléments d'information à la description que l'on ferait de l'ensemble des univers possibles. Il faut spécifier la particularité de l'univers en question.

Cette simplicité de la conception de Tegmark est un atout important pour des physiciens qui cherchent une « théorie du Tout » capable de décrire l'ensemble de la réalité. Pour que cette théorie soit le moins compliquée possible, il faut qu'elle ait à décrire, non pas tel ou tel univers, ni même tel ou tel multivers. Il faut qu'elle ait à décrire l'ensemble de tous les multivers possibles. Comme le dit Tegmark, on a le choix entre beaucoup de mots ou beaucoup d'univers (*« many words or many worlds »*). Cela lui paraît être une raison suffisante pour postuler l'existence du multivers, pris au sens le plus large possible.

## Le retour de Blanqui

Devant une telle profusion de spéculations sur le multivers, il n'est pas étonnant que la problématique de Blanqui ait refait surface, à ceci près qu'elle est désormais mise à la sauce de la physique fin de siècle (le XX$^{e}$, bien sûr). Chez l'insurgé français, un univers infini et éternel impliquait une répétition à l'infini des mêmes configurations matérielles, dont des Blanqui toujours en train d'écrire sur « une table, avec une plume, sous des habits, dans des circonstances toutes semblables ». La simplicité de son raisonnement en faisait sa force et sa faiblesse. Sa force parce qu'il semblait relever d'une logique élémentaire, imparable. Sa faiblesse parce qu'il relevait d'une vision simpliste, et éventuellement fausse, de la physique. En particulier, ses considérations sur l'identité des corps et sur la nature de l'univers étaient discutables. Concernant le premier point, Blanqui avait-il le droit de considérer que deux configurations de briques élémentaires peuvent être exactement identiques ? Pas forcément, puisque, même dans un univers infini, il n'est pas nécessaire de trouver deux briques élémentaires exactement à la même position l'une par rapport à l'autre. Si, dans un corps, la brique *A* se trouve à la distance *d* de la brique *B*, comment être sûr qu'il sera possible de retrouver un autre corps où les deux briques seront séparées exactement par la même distance ? Ce n'est pas évident puisque, entre *A* et *B*, il y a une infinité de positions. Concernant l'univers, Blanqui avait-il raison de le considérer infini et éternel ? Là non plus, ce n'est pas évident puisque d'autres physiciens de l'époque n'adoptaient pas la même position. Blanqui serait-il allé trop vite en besogne ? Peut-être. En tout cas, au début du XXI^e^ siècle, dans le cadre des spéculations sur le multivers, son raisonnement trouve une nouvelle fraîcheur. Cette résurrection est principalement due à Alex Vilenkin qui a joué un rôle important dans le développement de l'inflation éternelle. C'est donc lui qu'il faut suivre.

D'abord, l'univers est-il fini ou infini ? Ce fut une question à mille dollars ; une question que les cosmologistes n'arrivaient pas à résoudre. L'arrivée de la théorie de l'inflation, et encore plus celle de l'inflation éternelle, a changé la donne. Il y a maintenant un multivers au sein duquel se trouve une multitude d'univers déjà existants et une multitude d'univers en train de se créer en permanence. La question de l'infinité ou non du multivers est encore énigmatique. On pourrait en déduire qu'il en est de même pour les univers. Ce n'est pas le cas. Vilenkin remarque, en effet, que l'infinité ou non d'un univers est une question de… perspective. S'il était possible d'observer le multivers de l'extérieur, que verrait-on ? On apercevrait une multitude d'univers dispersés au sein d'un espace en expansion exponentielle : il y aurait des univers déjà créés et des univers en train de se créer. Au sein de la mer inflationnaire, chaque univers formerait une sorte d'île en expansion avec – et ceci est très important – des galaxies se formant en permanence sur ses bords. Maintenant, les habitants de ces univers, comme nous, verraient autre chose. Pour eux, l'univers ne ressemblerait pas à une île perdue au sein d'un vaste océan. L'univers formerait un tout. Qui plus est, leur notion de temporalité leur serait propre. Depuis Einstein, en effet, et sa fameuse théorie de la relativité, le temps n'est plus absolu, mais dépend de l'observateur. Pour les habitants d'un univers, il est naturel de le faire commencer au moment où l'expansion des corps célestes qu'ils observent semble avoir commencé : c'est le mythique instant zéro. Pour ces habitants, toutes les galaxies sont donc apparues plus ou moins à la même époque (dans notre cas, quand l'univers était âgé de quelques centaines de millions d'années). Le nombre de galaxies d'un univers, qui est un infini potentiel pour l'observateur extérieur, est ainsi un infini actuel pour les habitants de l'univers en question. Bref, d'un point de vue interne, l'univers est infini !

Ayant magistralement résolu le problème de la taille de l'univers, Vilenkin poursuit ses investigations. Notamment, il s'interroge sur les similarités qui pourraient exister entre une région et une autre de l'univers. Chaque univers étant infini du point de vue de ses habitants, Vilenkin remarque qu'il peut être divisé en une infinité de régions plus ou moins sphériques de tailles arbitraires ; soit, par exemple, de la taille de notre univers observable. Appelons ces dernières des « régions types ». Toutes ces régions types sont, bien sûr, en expansion. On peut penser que, juste après le « big bang », c'est-à-dire après la fin de l'inflation, ces régions présentaient quelques petites différences dues à des variations de densité, développées à partir de fluctuations quantiques au cours de l'inflation. Toutes ces différences auraient ensuite été amplifiées par l'action de la gravitation. Du coup, les caractéristiques macroscopiques de chaque région seraient différentes de celles des autres régions. Les galaxies ne se seraient pas formées exactement au même moment, ne se seraient pas distribuées à travers l'espace de la même manière, n'auraient pas donné lieu à la formation d'étoiles et de planètes dans les mêmes proportions, n'auraient pas été propices de la même manière au développement de la vie, et ainsi de suite. Il semblerait donc raisonnable de considérer que l'histoire de chaque région type de l'univers est unique. Ce n'était pas la conclusion à laquelle était arrivé Blanqui. Mais il ne semble pas avoir considéré que, entre deux configurations, il pourrait y avoir une infinité de configurations intermédiaires. Ce qui rendrait quasi impossible d'avoir deux configurations identiques.

Pourtant, Vilenkin donne raison à Blanqui. Il affirme, en effet, qu'un univers infini implique une duplication à l'infini de structures et d'histoires identiques. Son argumentation s'appuie sur un aspect important de la mécanique quantique, négligé dans le raisonnement ci-dessus. Il s'agit du principe d'incertitude, établi en 1927 par Werner Heisenberg. Ce principe stipule que la vitesse et la position d'une particule ne peuvent jamais être précisément déterminées. Plus la mesure de la position est précise, plus celle de la vitesse est incertaine, et réciproquement. On pourrait penser que cette incertitude n'est qu'une limite de notre connaissance, pas une indétermination intrinsèque. Ce n'est pas le cas. Une particule n'est jamais précisément à un endroit, ni ne possède une vitesse strictement définie. Une fois prise en compte, cette spécificité de la mécanique quantique permet à Vilenkin de montrer que le nombre de configurations possibles dans un volume type est fini.

Pour simplifier, imaginons que seules les positions des particules définissent les propriétés d'un corps. Pour déterminer la configuration d'une région de l'univers, on pourrait décider de recourir à une sorte de maillage de l'espace : on ne dirait plus qu'une particule se situe en telle position, mais dans telle ou telle cellule du maillage. Le volume de notre région type pourrait ainsi être divisé en cellules cubiques d'une certaine dimension (soit 1 $cm^3$). On pourrait caractériser la configuration de notre région type en indiquant la case occupée par chaque particule. À ce niveau, le résultat serait ambigu. Pour gagner en précision, on pourrait réduire la taille du maillage. Cet affinement a toutefois ses limites puisque le principe d'incertitude dit qu'une particule n'est jamais à un endroit précis. Il y a un moment où la réduction de la taille des cellules n'a plus de sens. Ce qui indique que la configuration de notre région type peut être décrite à partir d'un nombre fini de cellules. Comme le nombre de particules d'une région type est également fini, le nombre de façons dont elles peuvent être distribuées dans ces cellules est lui aussi fini. C'est un très grand nombre, vraiment très grand, mais c'est un nombre fini.

Les conséquences de cette analyse ne sont pas difficiles à percevoir. L'inflation implique que les univers qui ne sont pas destinés à s'effondrer sur eux-mêmes sont, d'un point de vue interne, infinis. Du coup, ils contiennent tous une infinité de régions types. Quant au principe d'incertitude de la mécanique quantique, il impose que le nombre de configurations qui peuvent se produire dans une région type soit fini. De ces deux premières déductions il résulte que toutes les configurations possibles se répètent une infinité de fois au sein de chaque univers. Il y a donc une répétition à l'infini de ce que vous êtes actuellement en train de faire : sur une infinité d'autres planètes, il y a une infinité d'autres vous-même en train de lire cette page sur l'existence d'une infinité d'autres vous-même. Mais une infinité d'autres situations plus ou moins proches de celle-ci se réalisent également dans l'univers et le multivers. Bref, c'est du Blanqui tout craché, sauf que l'éternité ne nous est plus forcément promise puisque chaque univers a désormais une histoire, avec un début et éventuellement une fin.

## Le multivers en question

Ces réflexions relèvent-elles du charlatanisme ? Pour leur défense, commençons par dire qu'elles proviennent de chercheurs confirmés qui s'appuient sur des théories – la théorie de l'inflation, la théorie des trous noirs, la mécanique quantique – quasi unanimement acceptées dans la communauté scientifique. Si la théorie des cordes est davantage sujette à caution, elle ne va pas jusqu'à être traitée de théorie farfelue. De toute façon, elle n'est pas nécessaire pour que des univers différents soient créés en permanence. Pourtant, cette thèse des univers parallèles ou multiples n'est pas toujours bien reçue par cette même communauté scientifique. Il y a, bien sûr, des débats techniques. Le modèle de l'inflation éternelle n'est pas le seul modèle d'inflation. Des modèles cosmologiques sans inflation sont également envisageables. Quant à l'apparition d'un univers au sein d'un trou noir, elle repose sur une conception quantique de la gravitation qui a encore besoin de faire ses preuves. Tout cela explique que des chercheurs aient une certaine réticence à adhérer au multivers. Mais ce sont surtout des arguments d'ordre épistémologique qui alimentent la suspicion envers la thèse des univers parallèles ou multiples. Avec tous ses univers à jamais inobservables, elle ne relèverait pas de la science ! entend-on souvent. Pour justifier ce jugement, l'argument régulièrement mis en avant est qu'elle ne serait pas réfutable. Ce serait simplement une thèse spéculative qu'aucune observation ne pourrait contredire. Elle ne serait pas forcément fausse, mais, empiriquement, rien ne permettrait de la tester. Un scientifique serait donc en droit de la balayer d'un revers de main comme ne relevant pas de sa sphère d'activité. Il se devrait de la laisser au métaphysicien, sous-entendu au bonimenteur.

Cette idée que la science se définit par la réfutabilité remonte à Karl Popper. Il y a environ trois quarts de siècle, ce philosophe a en effet établi un critère de démarcation entre science et pseudo-science. Toute théorie qu'une expérience ou une observation pourraient éventuellement réfuter serait scientifique. Inversement, une théorie impossible à réfuter serait pseudo-scientifique. Ce critère est, en général, bien accepté dans les milieux scientifiques. De nombreux chercheurs y trouvent un outil pour distinguer leurs activités de ce qu'ils estiment être du charlatanisme. N'est-ce pas ce critère que l'astronome avance pour refuser à l'astrologue le titre de scientifique ? Le premier avancerait des théories réfutables, soumises au tribunal de l'expérience. Le second pourrait toujours raconter ce qu'il veut.

Pour illustrer la logique qui sous-tend son critère de scientificité, Popper avait eu recours à la parabole du cygne noir. Supposons qu'une théorie affirme que tous les cygnes sont blancs. Une façon de juger de la validité de la théorie serait de vérifier si tous les cygnes sont effectivement blancs. Il y a toutefois un problème avec cette façon de procéder. Quel que soit le nombre de cygnes inspectés, comment être sûr qu'il n'y a pas un cygne noir caché quelque part, tapi au fond d'un marais ? Aussi est-il impossible de prouver que la théorie est vraie. En revanche, il suffit de trouver un cygne noir pour montrer que la théorie est fausse. Voilà une réfutation rondement menée. Elle permet d'invalider une théorie à partir d'une simple observation contradictoire. Elle ne laisse aucune ambiguïté. À la différence de la vérification, qui n'est jamais probante, elle a le pouvoir de trancher, certes pas en disant si une théorie est vraie mais en montrant qu'une théorie est fausse. Aussi Popper en vint-il à faire de la réfutation l'essence même de la démarche scientifique, au sens où l'établissement de prédictions ou propositions réfutables est ce qui distinguerait les sciences des pseudo-sciences. Beaucoup de scientifiques lui ont aussitôt emboîté le pas, confiants qu'ils étaient en l'existence d'un monde du savoir bien ordonné : d'un côté, les théories scientifiques ; de l'autre, les théories pseudo-scientifiques ; entre les deux, une barrière étanche.

L'approche était toutefois trop simple. Ce critère de scientificité est finalement apparu moins pratique qu'il ne semblait. À y regarder de près, les cygnes ne seraient pas toujours noirs ou blancs, mais parfois gris, quand ce n'est pas noirs par endroits et blancs ailleurs. Aussi n'est-il pas toujours facile de savoir comment réfuter une théorie. On pense parfois réfuter une théorie dans son intégralité quand, en réalité, on ne fait que mettre en cause l'une de ses composantes, qu'il suffirait de modifier pour sauver la théorie en question. D'ailleurs, l'existence de controverses scientifiques, dans lesquelles les chercheurs n'arrivent pas à s'entendre sur ce qui a été réfuté, suffit à montrer que cette approche n'est pas toujours satisfaisante. En outre, une stricte application du critère de réfutabilité apparaît trop contraignante. Est-il nécessaire d'imposer que toute prédiction – ou déduction – d'une théorie doive passer sous les fourches caudines de la réfutation pour être déclarée scientifique ? Par exemple, la relativité générale a fait beaucoup de prédictions qui se sont avérées. Faut-il considérer que celles qui ne peuvent être testées directement ne relèvent pas de la science ? C'est ce que sous-entendent les adversaires de la thèse des univers parallèles ou multiples. Mais ses promoteurs ne sont pas d'accord. Quand une théorie a fait ses preuves, il est raisonnable, affirment-ils, de prendre au sérieux toutes ses prédictions, même celles que rien apparemment ne pourrait réfuter. Ils avancent ainsi que le multivers relève de la pratique scientifique puisque son existence est une conséquence logique de théories réfutables, comme la mécanique quantique, le scénario de l'inflation éternelle ou la théorie des trous noirs. Son destin est lié à celui de ces théories. Si elles tombent, c'est la fin de la multiplication des univers. En revanche, si elles résistent à toute réfutation, il n'y a aucune raison de ne pas attribuer du crédit à cette idée de multivers. En quoi cette démarche, avancent les promoteurs du multivers, ne serait-elle pas scientifique ?

La contre-attaque des promoteurs du multivers ne s'arrête pas là. Qui peut dire qu'il ne sera jamais possible de tester la thèse du multivers ? On a vu que la question se posait déjà à propos des mondes parallèles d'Everett. En cosmologie, la même interrogation se présente. L'histoire des sciences est d'ailleurs riche en prédictions que l'on avait décrétées impossibles à tester et qui, des années ou des décennies après, se sont finalement révélées testables. Un seul exemple suffira à illustrer ce changement de perspective. En 1936, Einstein avait prédit que la lumière venant d'une étoile lointaine pouvait être déformée par le champ gravitationnel d'une autre étoile se trouvant sur la ligne de visée de la première, de sorte qu'elle devait apparaître sous la forme d'un anneau lumineux. Einstein considérait toutefois que l'intensité de ce phénomène était si faible que l'on ne pouvait avoir l'espoir de l'observer un jour. Pourtant, à la fin des années 1980, le premier exemple d'« anneau d'Einstein » a été observé, à ceci près qu'il n'était pas créé par une étoile, mais par une galaxie. Qui peut affirmer catégoriquement que ce genre de situation ne se produira pas avec le multivers ? Tout n'est certainement pas testable. Mais ne pourra-t-on pas un jour observer d'autres régions types, avec leurs lots de planètes similaires à notre chère bonne vieille Terre ? Aller au-delà sera certainement difficile, bien que pas nécessairement impossible. Les auteurs de science-fiction imaginent déjà des façons d'avoir accès à ces univers parallèles ou multiples. Qui peut dire qu'aucun de ces scénarios n'est prémonitoire ?

De toute façon, la situation du multivers n'est pas si différente que cela de celle de la cosmologie « classique », celle où l'univers est unique. Comment tester empiriquement son infinitude ? Comment tester empiriquement sa supposée homogénéité globale ? Comment tester empiriquement sa courbure globale ? Ces questions ne sont pas considérées comme non scientifiques par les cosmologistes. La raison est qu'ils peuvent mettre en place des tests partiels et évaluer certaines conséquences des modèles cosmologiques qu'ils développent. Pourquoi ne pas adopter la même attitude envers le multivers ? Refuser de considérer le multivers comme une théorie scientifique revient, selon ses promoteurs, à s'enfermer dans un positivisme désuet, un peu comme celui d'un Auguste Comte qui affirmait dans les années 1840 qu'on ne connaîtrait jamais la composition des étoiles puisqu'on ne pouvait pas y avoir accès directement !

En somme, les partisans du multivers veulent bien reconnaître que les modèles qu'ils développent ne sont peut-être pas corrects. Peut-être que le mécanisme de l'inflation qui produit les univers sera remplacé par un autre mécanisme qui ne permet pas la création d'autres univers que le nôtre. Peut-être que c'est le scénario inflationnaire lui-même qui disparaîtra. Peut-être qu'on montrera qu'il est impossible qu'un univers naisse d'un trou noir. Mais, selon leurs promoteurs, quel que soit le destin de ces théories, rien ne permet de dire que le multivers n'est pas une thèse scientifique. Enfin, n'oublions jamais qu'il suffit que l'univers soit infini pour que se pose la question de mondes parallèles où d'autres vous-même sont en train de lire ces lignes. Comme quoi, même si les théories mentionnées ci-dessus se révèlent caduques, la thèse des univers parallèles restera d'actualité.

## Retour à la théologie des mondes multiples

Ces considérations épistémologiques formulées depuis quelques années n'ont pas fait taire l'opposition actuelle au multivers. Le désaccord n'est pas vraiment entre les poppériens et les non-poppériens, puisqu'il n'est pas sûr qu'il existe un seul scientifique qui soit vraiment poppérien dans la pratique. L'opposition serait entre ceux qui prennent leurs distances avec une application rigide du critère de Popper et ceux qui ont l'impression de le respecter et voudraient que tout le monde le respecte (en tout cas, qui voudraient qu'on l'applique à la lettre pour le multivers). Cette idée selon laquelle l'activité scientifique consisterait à uniquement avancer des propositions qui seraient directement réfutables a d'ailleurs trouvé un écho favorable chez des croyants qui, pour des raisons autres qu'épistémologiques, n'aiment pas cette idée du multivers. Si ces croyants restent attachés à l'idée que notre univers est unique, c'est que l'extraordinaire ajustement de ses paramètres au développement de la vie apparaît comme un quasi-miracle. Or rien de tel qu'un miracle pour justifier le recours à Dieu. La cosmologie peut ainsi être mise au service de la théologie. Ce qui explique que nombre de croyants avancent régulièrement, histoire de le disqualifier, que le modèle du multivers n'est pas réfutable et qu'il n'est donc pas scientifique. Cette critique épistémologique est du pain bénit pour eux.

La démarche fait immanquablement écho à l'attitude de certains athées. Il faut, en effet, savoir que les cosmologistes embarrassés par l'interprétation théologique de l'extraordinaire ajustement des paramètres de l'univers au développement de la vie ont enfin trouvé leur Graal avec le multivers. Dans les années 1970, ils n'avaient pratiquement que les univers parallèles d'Everett à se mettre sous la dent. Ils n'ont pas hésité à y faire appel. Mais ces univers souffraient d'un manque de connexion avec la cosmologie. Grâce au modèle d'univers multiples issu de la théorie de l'inflation ou des trous noirs, ce lien est enfin établi. Ce qui explique que ce modèle est désormais une arme très prisée des opposants à l'interprétation théologique de l'ajustement des paramètres de l'univers. Article après article, livre après livre, ils décrètent que, grâce au multivers, l'hypothèse divine est caduque. Leur argument est toujours que le modèle du multivers permet d'expliquer pourquoi notre univers est très finement adapté à l'apparition de la vie : s'il existe une multitude d'univers avec des paramètres différents, il n'est pas étonnant qu'il y en ait au moins un qui soit propice au développement de la vie. Le recours à Dieu est donc inutile.

Comme quoi, partir d'arguments cosmologiques pour défendre une position théologique ne semble être que la posture inversée de tous ceux qui s'appuient sur l'hypothèse du multivers pour défendre une position athéiste. Nombre de croyants et d'athées se rejoignent ainsi dans l'idée que l'existence d'une multitude d'univers disqualifie *ipso facto* l'hypothèse d'un Dieu créateur. C'est ce sous-entendu commun qui fait que certains croyants rejettent le multivers et que certains athées l'embrassent avec enthousiasme. Le bien-fondé de cette opposition est pourtant discutable.

D'abord, il n'est pas sûr que l'hypothèse du multivers explique ce qu'elle est censée expliquer. Certes, elle rend éventuellement compte de l'apparent ajustement des paramètres de notre univers au développement de la vie. Mais, quel que soit le modèle de multivers envisagé, la création d'une grande quantité d'univers ne peut se faire que s'il existe un certain nombre de conditions physiques, là également plus ou moins précises, permettant cette création d'une multitude d'univers. Une inflation éternelle ne se produit pas dans n'importe quel univers. Tous les modèles cosmologiques ne permettent pas non plus l'apparition de trous noirs. Même si l'ajustement des paramètres du multivers n'a pas besoin d'être aussi précis que celui de notre univers dans le cas où il serait unique, il n'en appelle pas moins une explication. Que cet ajustement des conditions d'existence du multivers soit très flexible ne change rien à la situation. Même le multivers ultime de Tegmark n'est pas auto-explicatif. Bref, les croyants peuvent toujours demander : pourquoi un multivers et non pas rien ?

Ensuite, il faut bien comprendre que ce type d'opposition entre croyants et athées n'est pas nouveau. C'est exactement de la même façon que certains d'entre eux se sont battus, et continuent à se battre, à propos du darwinisme. Parce que Darwin avait proposé un mécanisme pour expliquer la formation des organismes vivants, d'aucuns décrétèrent qu'il n'y avait plus besoin de recourir à l'hypothèse divine. Face à cette déclaration de guerre, des croyants décidèrent de rejeter le darwinisme. Dans les deux camps, les protagonistes de ce débat faisaient comme si l'hypothèse de Dieu avait pour fonction principale d'expliquer tel ou tel aspect de la nature. Certes, certains croyants ont recouru, et recourent encore, à Dieu à cet escient. Mais, depuis longtemps, les théologiens se méfient d'une démarche qui verrait les justifications de l'existence de Dieu se réduire comme peau de chagrin au fur et à mesure des avancées de la science. D'ailleurs, Darwin n'a pas systématiquement heurté les milieux religieux : sa théorie a même régulièrement été défendue par des théologiens. Un processus de sélection naturelle opérant sur des organismes qui varient de façon aléatoire a en effet été perçu comme une merveilleuse manière de produire de la diversité et un enrichissement continuel des formes vivantes. La mort et la lutte pour la survie, loin d'être des aberrations, joueraient ainsi un rôle positif dans le plan divin. Des théologiens ont donc considéré que ce mécanisme de l'évolution correspondait bien à celui qui avait pu être mis en place par un Dieu créateur. Ce qui explique que, depuis la publication de *L'Origine des espèces*, il y a toujours eu des darwiniens chrétiens et des chrétiens darwiniens.

La situation est similaire avec le multivers. Si certains croyants veulent disqualifier cette hypothèse, d'autres l'accueillent soit avec une relative indifférence, soit avec satisfaction. Pourquoi l'indifférence ? Parce que, si ces croyants ne voient pas pourquoi Dieu n'aurait pas pu créer une multitude d'univers, ils ne voient pas non plus ce qui l'aurait incité à le faire. C'est exactement la position que l'on a rencontrée chez les penseurs médiévaux. Ils affirmaient que Dieu aurait pu créer plusieurs mondes, mais qu'il ne l'avait probablement pas fait.

Pourquoi maintenant certains croyants voient-ils avec satisfaction l'hypothèse du multivers se développer ? Il y a deux explications à cet enthousiasme. D'abord, ces croyants voient dans le multivers une façon naturelle et simple d'obtenir au moins un univers propice au développement de la vie ; ce qui correspond bien au plan divin. Le multivers est donc une façon élégante pour un Dieu de réaliser son dessein. Comme l'affirmaient tant de penseurs des XVI$^{e}$ et XVII$^{e}$ siècles, une conception pluraliste de l'univers sied à un Dieu tout-puissant. L'autre raison, peut-être plus profonde, est que ces croyants estiment que le multivers permet de mieux comprendre la présence du mal sur Terre.

Le mal est l'un des plus grands défis de la théologie. Pourquoi un Dieu bon aurait-il créé un univers – le nôtre – où règne tant de souffrance ? Il existe une célèbre solution à ce problème : Dieu aurait créé le meilleur des mondes possibles mais, pas de chance, un monde avec moins de souffrance n'était pas possible. Cette réponse n'a pas toujours été jugée satisfaisante. La souffrance qui résulte de l'action des êtres humains n'est pas ce qui rend le plus perplexes les croyants. Après tout, le mal chez l'homme n'est-il pas le prix à payer pour sa liberté ? Dieu ne pouvait vouloir l'homme libre et incapable de mal agir. Cela aurait été faire preuve d'incohérence. D'accord ! Cependant, *quid* du mal qui n'a pas sa source dans l'action des êtres humains (la maladie, le handicap, etc.) ? Dieu n'aurait-il pas pu faire mieux ? N'aurait-il pas pu faire en sorte que le jeu des possibles ait permis de réaliser un monde meilleur que celui que nous connaissons ? N'aurait-il pas pu réaliser un monde où la présence du bien serait supérieure à ce qu'elle est dans notre univers ? Pour certains théologiens, c'est à ce niveau que l'hypothèse du multivers est bien utile.

Imaginons, disent-ils, que Dieu ait pu créer un monde,

un seul, meilleur que le nôtre : un monde où le mal serait moins présent que dans le nôtre ; un monde où les enfants ne seraient pas déchirés par la maladie ; un monde où des parasites ne dévoreraient pas d'autres êtres vivants de l'intérieur… Il lui aurait fallu opter pour un univers avec d'autres paramètres ou d'autres lois que les nôtres. Seulement, dans ce nouvel univers, vous n'existeriez pas. D'ailleurs, tout l'univers dans lequel nous vivons actuellement n'existerait pas, puisque c'est un univers meilleur qui aurait été créé à la place du nôtre. Est-ce un problème en ce qui concerne le bien et le mal ? Peut-être. Comme l'avancent certains théologiens, même un athée pourrait faire remarquer que notre univers vaut la peine d'exister. Il aurait certes mieux valu qu'il soit mieux fait qu'il ne l'a été. Mais sa disparition n'est pas forcément souhaitable en termes de bien. Pour faire une comparaison crue, ce n'est pas parce qu'une personne est handicapée que sa disparition est souhaitable, ni même que cette personne ne mérite pas de vivre. C'est pareil avec notre univers, disent les théologiens, et diraient peut-être les athées. Malgré ses défauts, il est bien que notre univers existe aussi. Bref, si Dieu veut maximiser la présence du bien dans sa Création, il a tout intérêt à créer plusieurs univers aux paramètres différents, dont le nôtre avec les défauts qui sont les siens.

Que l'on aime ou non ce genre de raisonnement n'est pas le plus important ici. Il faut juste en retenir que l'hypothèse du multivers n'est actuellement pas rejetée par tous les croyants. Elle ne leur fait pas forcément peur, comme voudraient le croire certains athées. Ils peuvent y être indifférents. Ils peuvent y voir le reflet d'un Dieu tout-puissant. Ou encore ils peuvent la mettre au fondement d'une nouvelle théodicée. Comme la pluralité des mondes jadis ou comme le darwinisme de nos jours, le multivers n'est décidément pas la pierre d'achoppement de la théologie. Puisque rien ne permet non plus de dire que ce n'est pas une hypothèse scientifique, reste à savoir s'il faut y croire et ce qu'elle implique sur un plan existentiel. Finalement, que penser de tous ces autres soi-même ?

ÉPILOGUE

# Multivers et identité personnelle

> « Au détour de quelque coin de l'univers inondé des feux d'innombrables systèmes solaires, il y eut un jour une planète sur laquelle des animaux intelligents inventèrent la connaissance. Ce fut la minute la plus orgueilleuse et la plus mensongère de l'"histoire universelle", mais ce ne fut cependant qu'une minute. Après quelques soupirs de la nature, la planète se congela et les animaux intelligents n'eurent plus qu'à mourir. »
>
> Friedrich Nietzsche,
> *Vérité et mensonge au sens extra-moral.*

Pas de doute possible : la thèse des univers parallèles ou multiples est à la mode. Elle semble pourtant être particulièrement sinistre. C'est en tout cas ce qu'a voulu illustrer le romancier Larry Niven dans une nouvelle, *All the Myriad Ways*, parue en 1968. Il y raconte l'histoire d'un inspecteur de police, Gene Trimble, qui, confronté à deux problèmes, ne sait plus trop quoi faire. D'un côté, il a du mal à s'acclimater à l'idée d'histoires qui bifurquent – idée largement acceptée à l'époque où il vit. D'un autre, il est confronté à un nombre croissant de suicides inexpliqués. Un soir, assis dans son bureau, il hésite. Las, il pourrait laisser de côté la pile de dossiers qui l'attend et rentrer à la maison. Par conscience professionnelle, il pourrait, au contraire, rester travailler, faire son boulot. Il est d'autant plus hésitant qu'il a fini par comprendre qu'à chaque décision qu'il prend, ou ne prend pas, il y a d'autres lui-même dans d'autres univers qui prennent d'autres décisions : dans certains univers, il reste travailler ; dans d'autres, il rentre chez lui. Du coup, il y a déjà des Gene Trimble qui sont sur le chemin de la maison, d'autres qui ont commencé leur dîner, d'autres qui sont déjà partis au cinéma… d'autres enfin qui ont été rappelés pour s'occuper d'un autre cas de suicide. Que faire ?

Toujours assis à son bureau, il sort un journal et son pistolet pour le nettoyer, un peu comme on fait du tricot pour se détendre. Il pense à tous ces suicides aussi soudains qu'inexpliqués. Il en vient à remarquer que cette épidémie a commencé après que fut trouvé un moyen technologique de passer d'un univers à un autre. Tous ceux qui ont été de « l'autre côté » ont découvert une multitude d'univers : des univers où les nazis avaient gagné la Seconde Guerre mondiale, des univers où les États-Unis avaient rasé Cuba, des univers où Russes et Américains s'étaient fait la guerre ; et ainsi de suite. Ces voyageurs furent les premières victimes de cette vague de suicides. Et puis, il y a aussi tous ces cas de meurtres sans mobiles, commis sans haine, sans passion, sans peur. Peut-être une autre forme de suicide ? Gene Trimble ne sait pas trop quoi en penser.

Si, pour chaque décision, il y a des univers où cette décision est prise et d'autres où cette décision n'est pas prise, pourquoi prendre une décision ? C'est là que Gene Trimble remarque le pistolet qui est sur son bureau. Dans certains univers, le pistolet vient d'être rangé dans un tiroir. Dans d'autres univers, il pointe vers Gene Trimble. Dans d'autres encore, il repose sur le bureau, fumant, alors que des collègues se précipitent dans la pièce après avoir entendu un coup de feu. Mais, dans son univers à lui, Gene Trimble voit que le pistolet est toujours sur son bureau, le chargeur vide. Il y met plusieurs balles et songe à toutes ces personnes qui, sans raison, se sont récemment suicidées. Toutes savaient que, quelle que fût la décision qu'elles prendraient, d'autres elles-mêmes ne la prendraient pas. Combien d'idées folles ne leur étaient-elles pas passées par la tête ? Pourquoi ne pas réaliser telle ou telle action si saugrenue soit-elle, si criminelle soit-elle, si suicidaire soit-elle ? Ne pas le faire n'empêche pas un autre soi-même de le faire. Alors ? Gene Trimble regarde son pistolet. Pourquoi pas ? Il vient de comprendre pourquoi tant de suicides, pourquoi tant de meurtres, pourquoi tant d'actes incompréhensibles. Il prend le pistolet dans sa main, puis le repose sur le bureau ; il prend le pistolet dans sa main, tressaille, sent la balle frôler sa tête et aller se loger dans le plafond ; il prend le pistolet et ne sent plus rien : la balle vient de lui transpercer le crâne ; et ainsi de suite pour tous les possibles.

Les univers parallèles ou multiples sont-ils à ce point désespérants ? À trop y croire, ne risquons-nous pas, nous aussi, d'en venir au suicide ? À moins que l'on ne devienne meurtrier, ou fou tout simplement ? Encore faut-il y croire ! Gene Trimble avait peu de raisons d'en douter : les voyages entre univers étaient devenus monnaie courante. Mais nous ne sommes pas dans cette situation. La communication inter-univers relève encore de la science-fiction. Pourquoi donc se mettrait-on à y croire ? Pourquoi prendre au sérieux cette thèse très spéculative des univers parallèles ou multiples professée par quelques chercheurs ? Pourquoi adhérer à une thèse qui échappe à toute franche corroboration expérimentale ? À ces questions il n'y a pas de réponses tranchées. Ce n'est pas parce que cette thèse s'appuie sur des théories scientifiques qu'il faut y croire. Combien de théories scientifiques se sont-elles révélées fausses ? Ce qui montre bien que le statut de scientificité est de peu d'aide dans ce débat. Toute la question est de savoir quelle position adopter vis-à-vis de théories scientifiques relativement bien établies.

On pourrait tout simplement commencer par douter de leur pertinence. Après tout, ces théories scientifiques, même si elles sont actuellement bien établies, ne sont pas complètement abouties. Pourquoi ne pas envisager qu'elles seront un jour remplacées par des théories à partir desquelles l'existence de ces univers parallèles ou multiples ne pourrait être déduite ? C'est une possibilité qui paraît difficile à contredire formellement. Qui peut dire de quoi demain sera fait ? Pour tous ceux qui, pour des raisons diverses, n'aiment pas cette thèse des univers parallèles ou multiples, ce scepticisme est commode : il permet de la rejeter d'un revers de main en prétextant qu'elle se fonde sur des théories sans avenir. Mais cette position est risquée. Si, demain, les théories en question sont de plus en plus corroborées, ce scepticisme apparaîtra de moins en moins raisonnable.

Une autre forme de scepticisme consisterait à différer son adhésion à la thèse des univers parallèles ou multiples tant que les théories sur lesquelles elle s'appuie n'ont pas été complètement validées. Au premier abord, cela paraît sage. C'est une sorte de principe de précaution épistémologique. Mais s'il fallait attendre que la vérité d'une théorie soit parfaitement établie pour y adhérer, il n'y aurait plus grand-chose à croire dans ce bas monde puisque la réfutation d'une théorie scientifique est, en principe, toujours possible. Cet attentisme est donc relativement arbitraire. La communauté scientifique s'est bien mise à croire à la théorie du big bang, par exemple. Pourquoi devrait-elle attendre avant de se mettre à croire à la thèse des univers parallèles ou multiples ? Même si cela peut se discuter, admettons que la seconde soit plus fragile que la première. Cependant, imaginons que demain, ou après-demain, les théories scientifiques d'où émane la thèse des univers parallèles ou multiples finissent par être largement acceptées dans la communauté scientifique. Dans ce cas, sera-t-il cohérent de croire à ces théories tout en refusant d'adhérer à la thèse des univers parallèles ou multiples ? Apparemment non, à moins d'adopter encore une fois une nouvelle forme de scepticisme.

Dans cette troisième forme de scepticisme, il n'est pas question de remettre en cause les théories sur lesquelles se fonde la thèse des univers parallèles ou multiples. Ce scepticisme consiste juste à dire que la validité des premières n'implique nullement celle de la seconde. La raison est qu'une théorie, si pertinente soit-elle, ne représenterait pas la réalité telle qu'elle est en elle-même : elle ne serait qu'un instrument heuristique commode pour se représenter le monde qui nous entoure, mais elle n'aurait aucune pertinence pour parler de ce qui échappe à toute observation. Derrière ce scepticisme se cache une conception empiriste de la notion de loi. Les lois de la physique ne seraient pas ce qui gouverne le fonctionnement du monde : elles ne seraient qu'un résumé, exprimé sous forme mathématique, de la façon dont il nous apparaît. Autrement dit, les lois physiques ne seraient plus des entités trônant dans on ne sait trop quel niveau de réalité et responsables du fonctionnement du monde : elles ne seraient que des condensés symboliques de nos connaissances.

Avec une telle conception empiriste de la notion de loi, la connaissance ne consiste pas à aller des lois au monde qui nous entoure, mais de ce que l'on observe du monde aux lois. Connaître, c'est juste être capable de classer, cataloguer et organiser ce que l'on perçoit ou ce qui est similaire à ce que l'on a déjà perçu. N'étant que des moyens commodes et économiques de synthétiser notre connaissance, les lois ne gouvernent que les modèles que les scientifiques inventent. Elles ne peuvent rien dire sur ce qui échappe par nature à l'observation. Elles ne tolèrent pas d'extrapolation à l'inobservable. Dans ce contexte, plus question de s'embarrasser de considérations sur les univers parallèles ou multiples. Ces derniers ne peuvent légitimement provenir des lois physiques. Ils relèveraient juste de l'imagination des physiciens ou de celle des auteurs de science-fiction.

Pour tous ceux qui sont troublés par la thèse des univers parallèles ou multiples, ce scepticisme pourrait être tentant. Mais il a ses limites, lui aussi. Une de ses grandes faiblesses est de passer trop vite sur le fait que les théories bien établies arrivent à décrire des phénomènes physiques nouveaux avant que ceux-ci ne soient observés. C'est le cas des théories sur lesquelles s'appuie la thèse des univers parallèles ou multiples. Si elles n'étaient que des instruments heuristiques commodes pour rendre compte des observations, comment expliquer qu'elles permettent de prédire correctement l'existence de nouveaux phénomènes physiques ? Comment expliquer qu'elles semblent décrire le monde avant que celui-ci ne soit observé ? Comment expliquer qu'elles semblent parler à sa place ? Cette étonnante efficacité de ces théories physiques n'est-elle pas une raison suffisante pour croire qu'elles reflètent la structure du monde ? Bien sûr, rien n'est certain. Il faut peut-être attendre encore quelques années pour tirer cette conclusion. Mais si, demain, ces théories se voient davantage corroborées, se mettre à y croire ne sera pas déraisonnable. Dans ce cas, il ne sera pas déraisonnable non plus de croire à ce qu'elles prédisent, même quand ces prédictions concernent quelque chose qui se réalise au-delà de ce qui peut être directement observé.

Il faudra tout simplement écouter ce que ces théories ont à nous dire. Bref, pour un physicien, peut-être que demain il sera tout à fait raisonnable de croire à la thèse des univers parallèles ou multiples.

Cette situation implique qu'il sera également raisonnable de croire à l'existence d'une infinité d'êtres plus ou moins similaires à soi. Comment faudra-t-il alors interpréter cette répétition du Même ? Comment faudra-t-il vivre en sachant qu'il existe des doubles de soi ? Comment penser un monde rempli d'une infinité d'autres soi-même ? À l'instar de ce qu'a découvert Gene Trimble, on pourrait considérer que cette situation révélera l'absurdité de toutes nos décisions. Si, à chaque instant, toutes les possibilités qui s'offrent à nous vont se réaliser, à quoi bon se préoccuper de ses choix ? Si je décide de ne pas me lever un matin, une infinité d'autres moi-même vont le faire. Qu'est-ce que cela change que je le fasse ou non ? Maintenant que l'on a établi qu'il sera peut-être raisonnable demain – si ce n'est déjà aujourd'hui – de croire à la thèse des univers parallèles ou multiples, nous voilà revenus à notre question initiale : les univers parallèles ou multiples sont-ils désespérants ?

Partons d'une simple remarque. Cet horizon de désespoir repose sur l'idée que les autres « nous » sont nous, ou, pour le dire autrement, qu'il y a identité entre nous et tous les êtres qui sont comme nous et qui vivent dans ces univers parallèles ou multiples. Le Gene Trimble qui est sur le chemin de la maison, celui qui a commencé son dîner, celui qui est déjà parti au cinéma… tous sont le même

Gene Trimble. Voilà le sous-entendu de toutes ces spéculations sur les univers parallèles ou multiples qui peut susciter le sentiment de la vanité de toute décision. Pourtant, il n'est pas du tout évident que ce soit le même Gene Trimble qui agisse différemment dans tous ces différents univers. Même plus. Il est très probable que ce soient des êtres à l'identité distincte. Pour preuve, tous ces autres Gene Trimble pourraient disparaître en une fraction de seconde, par un coup de baguette magique, que cela n'aurait pas la moindre incidence sur ce qui définit le Gene Trimble du récit. Il resterait le même. Ces autres Gene Trimble ont beau être constitués exactement comme lui, à l'atome près, ils ne sont pas lui. S'il avait mieux réfléchi, leurs décisions auraient dû le laisser de marbre, du moins le laisser aussi indifférent que les décisions d'individus lui ressemblant mais n'ayant aucune influence sur sa vie. Qu'importe que d'autres Gene Trimble agissent autrement que lui ! Le Gene Trimble qui réussit son suicide n'est pas le Gene Trimble qui le rate[1]. Ils ne sont pas plus la même personne que deux jumeaux effectuant la même action. Cette distinction souligne que toute identité personnelle est l'expression d'une unicité. Il n'y a pas deux moi, ni deux vous. Du coup, Gene Trimble n'aurait pas dû se sentir démoralisé. De même, Blanqui dans sa prison n'avait aucune raison de désespérer ou de se réjouir : les autres « lui-même » n'étaient pas lui-même. À la différence de

1. Ce qui suggère que le suicide quantique mentionné à la fin du chapitre 3 n'est probablement pas une expérience très judicieuse.

Gene Trimble, il l'avait probablement compris. C'est pour cela que son *Éternité par les astres* n'était ni un traité pour se consoler de son sort ni un traité nihiliste.

Finalement, rien de surprenant. Personne ne sera vraiment surpris d'apprendre qu'il n'y a qu'un seul soi (tant pis pour Gene Trimble !). La thèse des univers parallèles ou multiples avait presque failli nous convaincre du contraire. D'où notre perplexité initiale. Mais un peu de recul dissipe tout trouble. Ce retour au « bon sens » entraîne toutefois des conséquences inattendues vis-à-vis de la position dite « réaliste » en science, c'est-à-dire de la position qui consiste à considérer que les théories scientifiques très bien établies reflètent la structure du monde. Partant de cette caractéristique supposée des théories scientifiques, le réaliste dit qu'il faut croire à ce qu'impliquent ces théories, aussi bien en ce qui concerne ce que l'on peut observer directement qu'en ce qui concerne l'inobservable. C'est pour cette raison qu'il soutient que demain, si ce n'est déjà aujourd'hui, il faudra éventuellement croire à la thèse des univers parallèles ou multiples. Maintenant, imaginons que le réaliste aille plus loin et affirme que notre identité est définie par notre constitution physique : sous sa complexité apparente, un individu (vous, moi) ne serait qu'une configuration particulière d'atomes tels que les définit la physique atomique actuelle. C'est cette configuration et elle seule qui distinguerait un individu d'un autre.

Au premier abord, cette nouvelle position réaliste semble cohérente avec la première. Pourtant, reconnaître l'unicité de l'identité personnelle, n'est-ce pas admettre qu'elle ne peut pas être définie uniquement par la constitution atomique d'un individu puisque, comme on vient de le voir, deux individus identiques en termes atomiques peuvent avoir deux identités distinctes ? Le Gene Trimble d'un univers n'est pas le Gene Trimble d'un autre univers, même si tout dans leur constitution atomique et dans leur histoire est identique (bien sûr, leur identité en termes atomiques ne peut se produire que s'ils n'ont pas encore agi différemment). Du coup, il apparaît qu'une position réaliste vis-à-vis des univers parallèles ou multiples est incompatible avec une position réaliste et réductionniste vis-à-vis de l'identité personnelle. La clé de ce paradoxe n'est pas évidente. Il témoigne d'une possible aporie de toute conception réaliste de la physique, c'est-à-dire de toute conception philosophique qui identifierait le monde aux entités physiques telles qu'elles sont conçues de nos jours. En somme, la thèse des univers parallèles ou multiples a le grand mérite de révéler le problème de l'identité personnelle : qu'est-ce qui fait que je suis moi, et que vous êtes vous ?

# Remerciements

Je voudrais d'abord remercier plusieurs personnes qui ont bien voulu répondre à mes questions, me donner des références bibliographiques ou me transmettre des textes que j'avais du mal à me procurer. Il s'agit d'Adrien Barton, d'Olivier Boulnois, de Miguel de Asúa, de Paolo D'Iorio, de Simon Kemp, de Helge Kragh, de Roland Lehoucq, d'Alex Vilenkin, et de Gary Wolfe. Grâce à leur aide, j'ai pu affiner ma connaissance et ma compréhension des univers parallèles ou multiples.

Ensuite, je tiens à remercier tous ceux qui ont bien voulu lire un chapitre, ou plus, de ce livre. Il s'agit de Benoît Beyer de Ryke (chapitre 1), de Jean-Marc Bonnet-Bidaud (chapitre 2), d'Adrien Barton (chapitre 3 et épilogue), de Dominique Lambert (chapitre 4), de Jérôme Perez (chapitre 5), de Roland Lehoucq (chapitre 6) et de Thierry Foglizzo (épilogue). Leurs commentaires m'ont été très utiles. Il va de soi que les erreurs ou maladresses que j'aurais laissées dans ces chapitres sont de ma seule responsabilité. Il va également de soi que les perspectives développées dans cet ouvrage n'engagent que moi.

Enfin, je voudrais adresser un remerciement tout spécial à Jennifer Yee. D'abord, elle a accepté gracieusement de relire l'ensemble du manuscrit. Par ses remarques judicieuses, elle a sans conteste contribué à l'améliorer. Mais, plus fondamentalement, par son soutien sans faille durant la période d'écriture, elle m'a permis de mener à terme ce projet. Merci donc, du fond du cœur, Jennifer.

# Bibliographie[1]

## Théologie des mondes multiples

ASÚA, Miguel de (2006), « Sir David Brewster's changing ideas on the plurality of worlds », *Journal of Astronomical History and Heritage*, 9 (1).

BALL, Philip (2008), « Triumph of the medieval mind », *Nature*, 452.

BEDFORD, Allen J. (2006), « Planets and Perspectives. New Church Theology and the Plurality of Worlds Debate », *The*

1. Les bibliographies sélectives accompagnant chaque chapitre se limitent autant que possible aux sources secondaires consultées (par exemple, les travaux qui analysent les thèses de Whewell et non les textes de Whewell). Cette option, qui répond à un souci de brièveté, sera toutefois moins applicable quand nous aborderons les travaux sur l'idée moderne de multivers puisqu'il y a encore très peu d'historiens ou de philosophes à avoir traité des idées de multivers datant du XXIe siècle ou même de la toute fin du XXe siècle. Dans les chapitres traitant de ces travaux, nous signalerons donc quelques textes de promoteurs ou critiques récents de l'idée de multivers mais en privilégiant ceux qui offrent une synthèse sur l'état du débat aux dépens de ceux qui ne font que soulever un point technique.

*New Philosophy Online* (The Swedenborg Scientific Association).

BOULNOIS, Olivier (1994), *La Puissance et son ombre. De Pierre Lombard à Luther* (textes traduits et présentés sous la direction de), Paris, Aubier.

BROOKE, John Hedley (1977), « Natural theology and the plurality of worlds : Observations on the Brewster-Whewell Debate », *Annals of Science*, 34.

CAIRNS, David (1956), « Thomas Chalmers's *Astronomical Discourses*. A study in natural theology ? », *Scottish Journal of Theology*, 9 (4).

CORNFORD, F. M. (1934), « Innumerable worlds in Presocratic philosophy », *The Classical Quarterly*, 28 (1).

DELIO, Ilia (2007), « Christ and extraterrestrial life », *Theology and Science*, 5 (3).

CROWE, Michael J. (1999) [1986], *The Extraterrestrial Life Debate, 1750-1900*, New York, Dover Publications.

DICK, Steven J. (1989) [1982], *La Pluralité des mondes*, trad. fr. de Marc Roland, Arles, Actes Sud.

– (1993), « Plurality of worlds », dans Norris S. Hetherington (sous la direction de), *Encyclopedia of Cosmology*, New York, Garland Publishing.

DUHEM, Pierre (1913-1959), *Le Système du monde. Histoire des doctrines cosmologiques de Platon à Copernic*, 10 vol., Paris, Hermann. Version abrégée dans Pierre Duhem, 1997, *L'Aube du savoir* (textes choisis et présentés par Anastasios Brenner), Paris, Hermann.

FARA, Patricia (2004), « Heavenly bodies : Newtonianism, natural theology and the plurality of worlds debate in the eighteenth century », *Journal for the History of Astronomy*, 35 (2).

GRANT, Edward (1969), « Medieval and seventeenth-century conceptions of an infinite void space beyond the cosmos », *Isis*, 60 (1).

– (1979), « The condemnation of 1277, God's absolute power, and physical thought in the late Middle Ages », *Viator. Medieval and Renaissance Studies*, 10.

– (1995) [1re éd. or., 1971], *La Physique au Moyen Âge. VIe-XVe siècle*, trad. fr. de Pierre-Antoine Fabre, Paris, PUF.

GUTHKE, Karl S. (1990) [1re éd. or., 1983], *The Last Frontier. Imagining Other Worlds from the Copernican Revolution to Modern Science Fiction*, trad. angl. de Helen Atkins, Ithaca, Cornell University Press.

KOYRÉ, Alexandre (1973) [1re éd. or., 1957], *Du monde clos à l'univers infini*, trad. fr. de Raissa Tarr, Paris, Gallimard.

LOVEJOY, Arthur O. (1964) [1936], *The Great Chain of Being. A Study of the History of an Idea*, Cambridge (Mass.), Harvard University Press.

McCOLLEY, Grant (1936), « The seventeenth century doctrine of a plurality of worlds », *Annals of Science*, 1.

McCOLLEY, Grant et MILLER, H. W. (1937), « Saint Bonaventure, Francis Mayron, William Vorilong, and the doctrine of a plurality of Worlds », *Speculum*, 12 (3).

NATHAN, Michel (1983), *L'Âme et les Étoiles : pluralité des mondes et métempsycoses stellaires au XIXe siècle (1835-1864)*, Lille, Atelier national de reproduction des thèses, Université de Lille-III.

O'MEARA, Thomas F. (1999), « Christian Theology and Extraterrestrial Intelligent Life », *Theological Studies*, 60.

PAUL, Robert (1986), « Joseph Smith and the plurality of worlds idea », *Dialogue. A Journal of Mormon Thought*, 19 (2).

ROPER, Ralph C. (1944), « Thomas Paine : Scientist-Religionist », *The Scientific Monthly*, 58 (2).

SNYDER, Laura J. (2007), « "Lord only of the ruffians and fiends" ? William Whewell and the plurality of worlds debate », *Studies in History and Philosophy of Science*, 38.

VIGNE, Alexandre (dir.) (2000), *Dieu, l'Église et les Extraterrestres*, Paris, Albin Michel.

WARREN, James (2004), « Ancient atomists on the plurality of worlds », *The Classical Quarterly*, 54 (2).

## L'invention du big bang[1]

BRUSH, Stephen 1986 [1976], *The Kind of Motion we call Heat. A History of the Kinetic Theory of Gases in the 19th Century*, Amsterdam, North-Holland.

CAPPI, Alberto (1994), « Edgar Allan Poe's Physical Cosmology », *Quarterly Journal of the Royal Astronomical Society*, 35.

DELEVSKY, J. (1946), « L'idée de cycle éternel dans l'histoire du monde », *in* Ashley Montagu (éd.), *Studies and Essays in the History of Science and Learning, Offered in Homage to George Sarton*, New York, Henry Schuman.

1. Comme cela doit apparaître clairement à la lecture de cette bibliographie, ce chapitre doit beaucoup aux articles et aux livres de Helge Kragh, certainement le meilleur historien de la cosmologie moderne. Par cette note, je tiens à lui exprimer ma dette et j'en profite pour le remercier à nouveau de m'avoir transmis un article non publié.

DEMARET, Jacques (1991), *Univers. Les théories de la cosmologie contemporaine*, Aix-en-Provence, Le Mail.

D'IORIO, Paolo (1995), « Cosmologie de l'éternel retour », *Nietzsche-Studien*, 24.

– (1999), « Fin thermique de l'univers », *in* Dominique Lecourt (dir.), *Dictionnaire d'histoire et de philosophie des sciences*, Paris, PUF.

– (2000), « Nietzsche et l'éternel retour. Genèse et interprétation », *Nietzsche. Cahiers de l'Herne*.

ELKANA, Yehuda (1974), « Boltzmann's scientific research programme and its alternatives », *in* Yehuda Elkana (dir.), *The Interactions between Science and Philosophy*, Atlantic Highlands (New Jersey), Humanities Press.

GALE, George (1993), « Multiple universes », *in* Norris S. Hetherington (dir.), *Encyclopedia of Cosmology*, New York, Garland Publishing.

GOURINAT, Jean-Baptiste (2002), « Éternel retour et temps périodique dans la philosophie stoïcienne », *Revue philosophique de la France et de l'étranger*, 127 (2).

HEIMANN, P. M. (1972), « The Unseen Universe : Physics and the philosophy of nature in Victorian Britain », *The British Journal for the History of Science*, 6 (21).

HIEBERT, E. (1966), « The uses and abuses of thermodynamics in religion », *Daedalus*, 95 (4).

JAKI, Stanley L. (1974), *Science and Creation. From Eternal Cycles to an Oscillating Universe*, Édimbourg, Scottish Academic Press.

KRAGH, Helge (1996), *Cosmology and Controversy. The Historical Developpment of Two Theories of the Universe*, Princeton, Princeton University Press.

– (2004), *Matter and Spirit in the Universe. Scientific and Religious Preludes to Modern Cosmology*, Londres, Imperial College Press.

– (2007), « Cosmology and the entropic creation argument », *Historical Studies in the Physical and Biological Sciences*, 37 (2).

– (2008), *Entropic Creation. Religious Contexts of Thermodynamics and Cosmology*, Aldershot, Ashgate.

– (non publié), « Quasi-Steady-State and Related Cosmological Models », gracieusement transmis par l'auteur.

KRAGH, Helge et LAMBERT, Dominique (2007), « The context of discovery : Lemaître and the origin of the primeval-atom universe », *Annals of Science*, 64 (4).

LAMBERT, Dominique (2008), *L'Itinéraire spirituel de Georges Lemaître*, Bruxelles, Lessius.

LEPELTIER, Thomas (2006), « Fred Hoyle. Entre science et fiction. I. La cosmologie », *Revue des questions scientifiques*, 177 (1).

– (2007), « Quand l'univers était plus jeune que la Terre », *Archives internationales d'histoire des sciences*, 57 (158).

LUMINET, Jean-Pierre (2004), *L'Invention du big bang*, Paris, Seuil.

MERLEAU-PONTY, Jacques (1965), *Cosmologie au XXe siècle. Étude épistémologique et historique des théories de la cosmologie contemporaine*, Paris, Gallimard.

MUGLER, Charles (1953), *Deux thèmes de la cosmologie grecque. Devenir cyclique et pluralité des mondes*, Paris, Klincksieck.

NORTH, John, 1990 [1965], *The Measure of the Universe. A History of Modern Cosmology*, New York, Dover Publications.

REY, Abel (1927), *Le Retour éternel et la philosophie de la physique*, Paris, Flammarion.

STECKLING, Vincent S. (1983), « Zermelo, Boltzmann, and the recurrence paradox », *American Journal of Physics*, 51 (10).

## Des histoires qui bifurquent

BAGGOTT, Jim (2004), *Beyond Measure. Modern Physics, Philosophy and the Meaning of Quantum Theory*, Oxford, Oxford University Press.

BARRET, Jeffrey A. (1999), *The Quantum Mechanics of Minds and Worlds*, Oxford, Oxford University Press.

– (2008), « Everett's Relative-State Formulation of Quantum Mechanics », *The Stanford Encyclopedia of Philosophy* (Winter 2008 Edition), dir. Edward N. Zalta (http://plato.stanford.edu/archives/win2008/entries/qm-everett/).

BARTON, Adrien (2008), *Les Probabilités dans l'interprétation d'Everett de la mécanique quantique*, thèse de doctorat, Université Paris-I.

BRUCE, Colin (2006) [2004], *Les Lapins de M. Schrödinger ou comment se multiplient les univers quantiques*, trad. fr. d'Évelyne et Alain Bouquet, Paris, Le Pommier.

BRUSH, Stephen G. (1980), « The chimerical Cat : Philosophy of quantum mechanics in historical perspective », *Social Studies of Science*, 10 (4).

BOHM, David et HILEY, B. J. (1993), *The Undivided Universe. An Ontological Interpretation of Quantum Theory*, Londres, Routledge.

BUCHANAN, Mark (2007), « See me here, see me there », *Nature*, 448 (juillet).

BYRNE, Peter (2008), « Les nombreux univers de Hugh Everett », *Pour la science*, 365 (mars).

CAMILLERI, Kristian (2009), « Constructing the myth of the Copenhagen interpretation », *Perspectives on Science*, 17 (1).

CHOWN, Marcus (1997), « Dying to know », *New Scientist*, 2113 (20 décembre).

CINI, Marcello et LÉVY-LEBLOND, Jean-Marc (dir.) (1990), *Quantum Theory without Reduction*, Bristol, Adam Hilger.

CUSHING, James T. (1994), *Quantum Mechanics. Historical Contingency and the Copenhagen Hegemony*, Chicago, The University of Chicago Press.

DEUTSCH, David (2003) [1997], *L'Étoffe de la réalité*, trad. fr. de Françoise Balibar, Paris, Cassini.

ESPAGNAT, Bernard d' (1994), *Le Réel voilé. Analyse des concepts quantiques*, Paris, Fayard.

GREAVES, Hilary (2004), « Understanding Deutsch's probability in a deterministic multiverse », *History and Philosophy of Modern Physics*, 35 (3)

HEWITT-HORSMAN, Clare (2009), « An introduction to many worlds in quantum computation », *Foundations of Physics*, 39.

JAMMER, Max (1974), *The Philosophy of Quantum Mechanics*, New York, Wiley.

LOCKWOOD, Michael (1996), « "Many minds" interpretations of quantum mechanics », *British Journal for the Philosophy of Science*, 47.

ORTOLI, Sven et PHARABOD, Jean-Pierre (2007) [1984], *Le Cantique des quantiques. Le monde existe-t-il ?*, Paris, La Découverte.

OSNAGHI, Stefano, FREITAS, Fábio et FREIRE, Olival Jr. (2009), « The origin of the Everettian heresy », *Studies in History and Philosophy of Modern Physics*, 40 (2).

MALLAH, Jacques (2009), « Many-worlds interpretations can not imply "quantum immortality" », *PhilSci Archive* (http://philsci-archive.pitt.edu/).

RAE, Alastair I. M. (1994) [1986], *Quantum Physics. Illusion or Reality*, Cambridge, Cambridge University Press.

– (2009), « Everett and the Born Rule », *Studies in History and Philosophy of Modern Physics*, 40 (3).

TEGMARK, Max (1998), « The interpretation of quantum mechanics : many worlds or many words ? », *Fortschritte der Physik*, 46 (6-8).

– (2010), « Many worlds in context », à paraître *in* Simon Saunders, Jeffrey Barret et A. Kent (dir.), *Many Worlds ? Everett, Quantum Theory and Relativity*, Oxford, Oxford University Press.

VAIDMAN, Lev (2008), « Many-Worlds Interpretation of Quantum Mechanics », *The Stanford Encyclopedia of Philosophy* (Fall 2008 Edition), dir. Edward N. Zalta (http://plato.stanford.edu/archives/fall2008/entries/qm-manyworlds/).

WHITAKER, Andrew (2006) [1996], *Einstein, Bohr and the Quantum Dilemma. From Quantum Theory to Quantum Information*, Cambridge, Cambridge University Press.

WOLF, Fred Alan (1988), *Parallel Universes. The Search for Other Worlds*, New York, Simon & Schuster.

WOLFE, Gary (2007), « Surfing the multiverse. The "many-worlds" of quantum mechanics spawned many more of science fiction », *Nature*, 448.

## Les raisonnements anthropiques

AGUIRRE, Anthony (2001), « The cold big bang cosmology as a counter-example to several anthropic arguments », *Physical Review*, D, 64 (8).

BARROW, John D. et TIPLER, Frank J. (1986), *The Anthropic Cosmological Principle*, Oxford, Clarendon Press.

BERTOLA, F. et CURI, U. (éd.), 1993, *The Anthropic Principle, Proceedings of the Second Venice Conference on Cosmology and Philosophy*, Cambridge, Cambridge University Press.

BETTINI, Stephano (2005), « Anthropic reasoning in cosmology : A historical perspective », *in* Michael Stöltzner et Paul Weingartner (dir.), *Formale Teleologie und Kausalität in der Physik*, Mentis-Verlag, Paderborn.

BOSTROM, Nick, 2002, *Anthropic Bias. Observation Selection Effects in Science and Philosophy*, New York, Routledge.

DAVIES, Paul (2006), *The Goldilocks Enigma. Why is the Universe Just Right for life ?*, Londres, Allen Lane.

DEMARET, Jacques et LAMBERT, Dominique (1994), *Le Principe anthropique. L'homme est-il le centre de l'univers ?*, Paris, Armand Colin.

EARMAN, John (1987), « The SAP also rises : a critical examination of the anthropic principle », *American Philosophical Quarterly*, 24.

GALE, George (1982), « Le principe anthropique », *Pour la science*, 52 (février).

GORELIK, Gennady (2002), « Hermann Weyl and large numbers in relativistic cosmology », *in* Yuri Balashov et Vladimir Vizgin (dir.), *Einstein Studies*, 10, Boston, Birkhäuser.

KANITSCHEIDER, Bernulf (1991), « The anthropic principle and its epistemological status in modern physical cosmology », *in* Evandro Agazzi et Alberto Cordero (dir.), *Philosophy and the Origin and Evolution of the Universe*, Dordrecht, Kluwer Academic Publishers.

KLEE, Robert (2002), « The revenge of Pythagoras : How a mathematical sharp practice undermines the contemporary design argument in astrophysical cosmology », *British Journal for the Philosophy of Science*, 53.

KRAGH, Helge (1982), « Cosmo-physics in the thirties. Towards a history of Dirac cosmology », *Historical Studies in the Physical Sciences*, 13 (1).

LESLIE, John (1982), « Anthropic principle, world ensemble, design », *American Philosophical Quarterly*, 19 (2).

– (1989), *Universes*, Londres, Routledge.

LESLIE, John (dir.) (1998) [1re éd. or. 1990], *Modern Cosmology & Philosophy*, Amherst (New York), Prometheus Books.

MANSON, Neil A. (2000), « There is no adequate definition of "fine-tuned for life" », *Inquiry*, 43.

MANSON, Neil A. (dir.) (2003), *God and Design. The Teleological Argument and Modern Science*, Londres, Routledge.

MCMULLIN, Ernan (1993), « Indifference principle and anthropic principle in cosmology », *Studies in History and Philosophie of Science*, 24 (3).

MOSTERIN, Jesús (2004), « Anthropic explanations in cosmology », *in* Petr Hajek, Luis Valdés et Dag Westerstahl (éd.), *Proceedings of the 12th International Congress of Logic, Methodology and Philosophy of Science*, Amsterdam, North-Holland.

ROUSH, Sherrilyn (2003), « Copernicus, Kant, and the anthropic cosmological principles », *Studies in History and Philosophy of Modern Physics*, 34.

SMITH, Quentin (1985), « The anthropic principle and many-worlds cosmologies », *Australian Journal of Philosophy*, 63 (3).

URSIC, Marko (2002), « "Cogito ergo mundus talis est" – On some metaphysical and epistemological aspects of the Anthropic Cosmological Principle », *Acta Analytica*, 17 (28).

WALKER, Mark A. et Cirkovic, Milan M. (2006), « Astrophysical fine tuning, naturalism, and the contemporary design argument », *International Studies in the Philosophy of Science*, 20 (3).

## La quatrième dimension

ARKANI-HAMED, Nima, DIMOPOULOS, Savas et DVALI, Georgi (2000), « Les dimensions cachées de l'univers », *Pour la science*, 276 (octobre).

BENSAUDE-VINCENT, Bernadette et BLONDEL, Christine (2002), *Des savants face à l'occulte, 1870-1940*, Paris, La Découverte.

BORK, Alfred (1964), « The fourth dimension in nineteenth-century physics », *Isis*, 55 (3).

CLAIR, Jean (2000), *Sur Marcel Duchamp et la fin de l'art*, Paris, Gallimard.

DAWID, Richard (2007), « Scientific realism in the age of string theory », *Physics and Philosophy* (Online-Journal : http://phys-phil.tu-dortmund.de/).

DURING, Élie (2007), « Mondes virtuels et quatrième dimension. Duchamp, artiste de science-fiction », *Alliage*, 60.

GREENE, Brian (2005) [2004], *La Magie du cosmos. L'espace, le temps, la réalité : tout est à repenser*, trad. fr. de Céline Laroche, Paris, Robert Laffont.

HALPERN, Paul (2004), *The Great Beyond. Higher Dimensions, Parallel Universes, and the Extraodinary Search for a Theory of Everything*, Hoboken (New Jersey), John Wiley & Sons.

HEDRICH, Reiner (2006), « String theory. From physics to metaphysics », *Physics and Philosophy* (Online-Journal : http://physphil.tu-dortmund.de/).

HENDERSON, Linda (1983), *The Fourth Dimension and Non-Euclidean Geometry in Modern Art*, Princeton, Princeton University Press.

KAKU, Michio (1994), *Hyperspace. A Scientific Odyssey Through Parallel Univenses*, Oxford, Oxford University Press.

KLEIN, Étienne (2000), *L'Unité de la physique*, Paris, PUF.

KLEIN, Étienne et LACHIÈZE-REY, Marc (1996), *La Quête de l'unité. L'aventure de la physique*, Paris, Albin Michel.

KRAUSS, Lawrence M. (2006) [2005], *Hiding in the Mirror. The Quest for Alternate Realities, from Plato to String Theory*, Londres, Penguin Books.

LACHIÈZE-REY, Marc (2003), *Au-delà de l'espace et du temps. La nouvelle physique*, Paris, Le Pommier.

MOORE, Laurence R. (1972), « Spiritualism and science : Reflections on the first decade of the spirit rappings », *American Quarterly*, 24 (4).

RANDALL, Lisa (2005), *Warped Passages. Unravelling the Universe's Hidden Dimensions*, Londres, Allen Lane.

REID, Jasper (2003), « Étendue matérielle et étendue spirituelle chez Henry More », *Dialogue. Revue canadienne de philosophie*, 42 (3).

RUCKER, Rudy (1985) [1984], *La Quatrième Dimension*, trad. fr. de Christian Jeanmougin, Paris, Seuil.

SMOLIN, Lee (2007) [2006], *Rien ne va plus en physique ! L'échec de la théorie des cordes*, trad. fr. d'Alexeï Grinbaum, Paris, Dunod.

STEINHARDT, Paul J. et TUROK, Neil (2007), *Endless Universe. Beyond the Big Bang*, Londres, Weidenfeld & Nicolson.

WEISS, Peter (2000), « Hunting for higher dimensions », *Science News*, 157.

WOIT, Peter (2007) [2006], *Même pas fausse ! La physique renvoyée… dans ses cordes*, trad. fr. de Michel Cassé, Paris, Dunod.

WUENSCH, Daniela (2003), « The fifth dimension : Theodor Kaluza's ground-breaking idea », *Annalen der Physik*, 12 (9).

– (2005), « Einstein, Kaluza, and the fifth dimension », *in* A. J. Kox et Jean Eisenstaedt (dir.), *The Universe of General Relativity*, *Einstein Studies*, vol. 11, Boston, Birkhäuser.

## Une création permanente d'univers

BETTINI, Stephano (2005), « A cosmic archipelago : Multiverse scenario in the history of modern cosmology », *Kairos*, 26.

BRICKER, Phillip (2001), « Island universes and the analysis of modality », *in* Gerhard Preyer et Frank Siebelt (dir.), *Reality and Humean Supervenience. Essays on the Philosophy of David Lewis*, Lanham (Maryland), Rowman and Littlefield.

CARR, Bernard (dir.) (2007), *Universe or Multiverse ?*, Cambridge, Cambridge University Press.

DICK, Steven J. (dir.) (2000), *Many Worlds. The New Universe, Extraterrestrial Life & the Theological Implications*, Londres, Templeton Foundation Press.

DRAPER, Paul (2004), « Cosmic fine-tuning and terrestrial suffering. Parallel problems for naturalism and theism », *American Philosophical Quarterly*, 41 (4).

EARMAN, John et MOSTERIN, Jesus (1999), « A critical look at inflationary cosmology », *Philosophy of Science*, 66.

GRIBBIN, John (2009), *In Search of the Multiverse*, Londres, Allen Lane.

GUTH, Alan H. (1997), *The Inflationary Universe. The Quest for a New Theory of Cosmic Origins*, Londres, Jonathan Cape.

HOLDER, Rodney Dennis (2004), *God, the Multiverse and Everything. Modern Cosmology and the Argument from Design*, Aldershot, Ashgate.

HARRISON, Edward R. (1995), « The natural selection of Universes containing intelligent life », *The Quarterly Journal of the Royal Astronomical Society*, 36.

KAKU, Michio (2005), *Parallel Worlds. The Science of Alternative Universes and Our Future in the Cosmos*, Londres, Allen Lane.

KNOBE, Joshua, OLUM, Ken D. et VILENKIN, Alex (2006), « Philosophical implications of inflationary cosmology », *British Journal for the Philosophy of Science*, 57 (1).

KRAGH, Helge (2009), « Contemporary history of cosmology and the controversy over the multiverse », *Annals of Science*, 66 (4).

LINDE, Andrei (1995), « L'Univers inflatoire autoreproducteur », *Pour la science*, 207 (janvier).

McCABE, Gordon (2004), « A critique of cosmological natural selection », *PhilSci Archive* (http://philsci-archive.pitt.edu/).

MATTHEWS, Robert (2008), « Some swans are grey », *New Scientist*, 2655 (10 mai).

ROTHMAN, Tony et SUDARSHAN, George (1998), *Doubt and Certainty*, Cambridge (Mass.), Perseus Book.

SMOLIN, Lee (1997), *The Life of the Cosmos*, Londres, Weidenfeld & Nicolson.

– (2009), « The unique universe », *Physics World*, 22 (juin).

SUSSKIND, Leonard (2007) [1re éd. or. 2006], *Paysages cosmiques. Notre univers en cacherait-il des millions d'autres ?*, trad. fr. de Bella Arman, Paris, Robert Laffont.

TEGMARK, Max (2003), « De l'univers au multivers », *Pour la science*, 308 (juin).

–, (2007), « Reality by numbers. What is the universe really made of ? », *New Scientist*, 2621 (15 septembre).

TURNER, Donald (2003), « The many-universes solution to the problem of evil », *in* Richard Gale et Alexander Pruss (dir.), *The Existence of God*, Aldershot, Ashgate.

VILENKIN, Alex (2006), *Many Worlds in one. The Search for Other Universes*, New York, Hill and Wang.

– (2006), « Beyond the big bang », *Natural History*, 115 (6).

ZWEERINK, Jeffrey A. (2008), *Who's Afraid of the Multiverse ?*, Pasadena, Reasons to believe.

# Table

**Le Seuil s'engage pour la protection de l'environnement**

Ce livre a été imprimé chez un imprimeur labellisé Imprim'Vert, marque créée en partenariat avec l'Agence de l'Eau, l'ADEME (Agence de l'Environnement et de la Maîtrise de l'Énergie) et l'UNIC (Union Nationale de l'Imprimerie et de la Communication).
La marque Imprim'Vert apporte trois garanties essentielles :

- la suppression totale de l'utilisation de produits toxiques ;
- la sécurisation des stockages de produits et de déchets dangereux ;
- la collecte et le traitement des produits dangereux.

RÉALISATION : NORD COMPO À VILLENEUVE-D'ASCQ
IMPRESSION : CORLET IMPRIMEUR S.A. À CONDÉ-SUR-NOIREAU
DÉPÔT LÉGAL : MARS 2010. N° 97415 (126807)
*Imprimé en France*

Collection « Science ouverte »
dirigée par Jean-Marc Lévy-Leblond

Pierre Achard *et al.*, *Discours biologique et ordre social*, 1977 (épuisé)
Jean-Pierre Adam, *Le Passé recomposé*, 1988
Alexander Alland, *La Dimension humaine*, 1974
Jean-Pierre Allix, *L'Espace humain*, 1996
Jean-Claude Ameisen, *La Sculpture du vivant**, 1999
Jacques Arsac, *Les Machines à penser*, 1987 (épuisé)
Marcia Ascher, *Mathématiques d'ailleurs*, 1998
Peter W. Atkins, *Comment créer le monde*, 1993 (épuisé)
Henri Atlan, *À tort et à raison**, 1986 (épuisé)
Henri Atlan et Catherine Bousquet, *Questions de vie*, 1994
Robert Barbault, *Un éléphant dans un jeu de quilles**, 2006
Madeleine Barthélemy-Madaule, *Lamarck ou le Mythe du précurseur*, 1979 (épuisé)
Stella Baruk, *Échec et maths**, 1973 (épuisé)
*Fabrice ou l'École des mathématiques**, 1977
*L'Âge du capitaine**, 1985
*Dictionnaire de mathématiques élémentaires*, 1992
*C'est à dire*, 1993
*Dico de mathématiques. Collège et CM2*, 2008
Robert Bell, *Les Péchés capitaux de la haute technologie*, 1998
David Berlinski, *La Tentation de l'astrologie*, 2006
Jean Bernard, Marcel Bessis et Claude Debru (sous la dir. de), *Soi et non-soi*, 1990
Jean-Michel Besnier, *La Croisée des sciences*, 2006
Marcel Blanc, *Les Héritiers de Darwin*, 1990
Michel Blay et Efthymios Nicolaïdis (collectif sous la dir. de), *L'Europe des sciences*, 2001
Nicolas Bouleau, *La Règle, le Compas et le Divan*, 2002
Jean-Louis Boursin, *Les Dés et les Urnes*, 1990

Catherine Bousquet, *Bêtes de sciences*, 2003
Jean-François Bouvet (sous la dir. de), *Du fer dans les épinards**, 1997
*La Stratégie du caméléon*, 2000
Philippe Breton, *À l'image de l'homme*, 1995 (épuisé)
William Broad et Nicholas Wade, *La Souris truquée**, 1987 (épuisé)
Henri Broch, *Le Paranormal**, 1985 (épuisé)
Serge Brunier, *Impasse de l'espace*, 2006
Mario Bunge, *Philosophie de la physique*, 1975 (épuisé)
Pierre Cassou-Noguès, *Les Démons de Gödel. Logique et folie*, 2007
Max de Ceccatty, *Conversations cellulaires*, 1991
Jean Chaline, *Une famille peu ordinaire*, 1994 (épuisé)
*Un million de générations*, 2000
Jean-François Chassay, *Si la science m'était contée*, 2009
Nicolas Chevassus-au-Louis, *Savants sous l'Occupation*, 2004
*Les Briseurs de machines. De Ned Ludd à José Bové*, 2006
*Un iceberg dans mon whisky. Quand la technologie dérape, 2009*
Giovanni Ciccotti *et al.*, *L'Araignée et le Tisserand*, 1979
Robert Clarke, *Naissance de l'homme**, 1982 (épuisé)
Claudine Cohen, *Le Destin du mammouth**, 1994
*L'Homme des origines*, 1999
*Un néandertalien dans le métro*, 2007 (illustré)
Gilles Cohen, (sous la dir. de), *Culture maths*, 2008
Paul Colinvaux, *Les Manèges de la vie**, 1982 (épuisé)
Harry Collins, *Experts artificiels*, 1992
Harry Collins et Trevor Pinch, *Tout ce que vous devriez savoir sur la science**, 1994
Benjamin Coriat, *Science, technique et capital*, 1976 (épuisé)
Michel Cribier, Michel Spiro et Daniel Vignaud, *La Lumière des neutrinos*, 1995
Michel Crozon, *La Matière première*, 1987
Thomas Crump, *Anthropologie des nombres*, 1995
D'Arcy Thompson, *Forme et croissance*, 2009
Charles Darwin, *L'Autobiographie*, 2008

William C. Dement, *Dormir, rêver*, 1981 (épuisé)
Jean-Paul Delahaye, *Jeux finis et infinis*, 2010
Jean Deutsch, *Le ver qui prenait l'escargot comme taxi, et autres histoires naturelles*, 2007
Antoine Danchin, *Une aurore de pierres*, 1990
Jean-Marc Drouin, *L'Herbier des philosophes*, 2008
Alain Dupas, *La Lutte pour l'espace*, 1977 (épuisé)
Freeman Dyson, *D'Éros à Gaïa*, 1995 (épuisé)
Albert Einstein et Max Born, *Correspondance 1916-1955*, 1988 (épuisé)
Albert Einstein et Mileva Maric, *Lettres d'amour et de science*, 1993
Jean Eisenstaedt, *Avant Einstein*, 2005
Ivar Ekeland, *Le Calcul, l'Imprévu**, 1984 (épuisé)
*Au hasard**, 1991
*Le Meilleur des mondes possibles*, 2000
Julio Fernandez Ostolaza et Alvaro Moreno Bergareche, *La Vie artificielle*, 1997
Paul Feyerabend, *Contre la méthode**, 1979 (épuisé)
*Adieu la raison**, 1989 (épuisé)
*Dialogues sur la connaissance*, 1996
Charles Frankel, *La Vie sur Mars*, 1999
*Terre de France*, 2007
*Dernières nouvelles des planètes*, 2009
Peter T. Furst, *La Chair des dieux*, 1974 (épuisé)
Jean-Gabriel Ganascia, *L'Âme-Machine*, 1990
Jacques Gapaillard, *Et pourtant, elle tourne !*, 1993
Martin Gardner, *L'Univers ambidextre**, 1985
Sylviane Gasquet, *Plus vite que son nombre*, 1999
Ludovico Geymonat, *Galilée*, 2009
Bertrand Gille, *Les Mécaniciens grecs*, 1980 (épuisé)
Jean Gimpel, *La Fin de l'avenir*, 1992 (épuisé)
Tijs Goldschmidt, *Le Vivier de Darwin*, 2003
Stephen Jay Gould, *Le Sourire du flamant rose**, 1988
*La vie est belle**, 1991 (épuisé)

*La Foire aux dinosaures**, 1993 (épuisé)
*Le Livre de la vie* (sous la dir. de), 1993
*Comme les huit doigts de la main**, 1996
*L'Éventail du vivant**, 1997
*Millénium*, 1998
*Les Quatre Antilopes de l'Apocalypse*, 2000
*Et Dieu dit : « Que Darwin soit ! »*, 2000
*Les Coquillages de Léonard*, 2001
*Les Pierres truquées de Marrakech*, 2002
*Cette vision de la vie*, 2004
*Le Renard et le Hérisson*, 2005
George Greenstein, *Le Destin des étoiles*, 1987 (épuisé)
Mirko D. Grmek (collectif sous la dir. de), *Histoire de la pensée médicale en Occident*, tome I : 1995, tome II : 1997, tome III : 1999
Claude Gudin, *Une histoire naturelle de la séduction**, 2003
Denis Guedj, *La gratuité ne vaut plus rien*, 1997 (épuisé)
Francis Hallé, *Un monde sans hiver*, 1993
*Éloge de la plante**, 1999
Edward Harrison, *Le Noir de la nuit**, 1990
Marie-Angèle Hermitte, *Le Sang et le Droit*, 1996
P. Huard, J. Bossy, G. Mazars, *Les Médecines de l'Asie*, 1978 (épuisé)
Giorgio Israel, *La Mathématisation du réel*, 1996
*Le Jardin du noyer*, 2000
Albert Jacquard, *Éloge de la différence**, 1981 (épuisé)
*Au péril de la science ?**, 1984 (épuisé)
*L'Héritage de la liberté**, 1986
Bruno Jacomy, *L'Âge du plip*, 2002
Jean Jacques, *Les Confessions d'un chimiste ordinaire*, 1981 (épuisé)
Jean-Marc Jancovici, *L'Avenir climatique**, 2002
*C'est maintenant ! 3 ans pour sauver le monde*, 2009
Pablo Jensen, *Entrer en matière (Des atomes dans mon café crème)**, 2001
Bertrand Jordan, *Les Imposteurs de la génétique*, 2000
*Le Chant d'amour des concombres de mer**, 2002

*Les Marchands de clones*, 2003
*L'Humanité au pluriel. La génétique et la question des races*, 2008
Christian Joachim, Laurence Plévert, *Nanosciences. La révolution invisible*, 2008
Olivia Judson, *Manuel universel d'éducation sexuelle à l'usage de toutes les espèces**, 2004
Jean-Jacques Kupiec et Pierre Sonigo, *Ni Dieu ni gène**, 2000
Patrick Lagadec, *La Civilisation du risque*, 1981 (épuisé)
*États d'urgence*, 1988
Gérard Lambert, *L'Air de notre temps*, 1995
Gérard Lambert, *Vérole, cancer & cie. La société des maladies*, 2009
André Langaney, *Le Sexe et l'Innovation**, 1979 (épuisé)
Pierre Laszlo, *Miroir de la chimie*, 2000
Édouard Launet, *Au fond du labo à gauche**, 2004
*Viande froide cornichons**, 2006
*Sexe machin**, 2007
*Au fond du zoo à droite*, 2009
Tony Lévy, *Figures de l'infini*, 1987 (épuisé)
J.-M. Lévy-Leblond et A. Jaubert, *(Auto)critique de la science**, 1973 (épuisé)
J.-M. Lévy-Leblond, *La Vitesse de l'ombre*, 2006
Thomas Lepeltier, *Darwin hérétique. L'éternel retour du créationnisme*, 2007
Richard C. Lewontin, *La Triple Hélice*, 2003
Eugene Linden, *Ces singes qui parlent*, 1979 (épuisé)
Bernard Maitte, *Histoire de l'arc-en-ciel*, 2005
Jean Matricon et Georges Waysand, *La Guerre du froid*, 1994
Michel Mayor et Pierre-Yves Frei, *Les Nouveaux Mondes du cosmos*, 2001
Georges Ménahem, *La Science et le Militaire*, 1976
P.-A. Mercier, F. Plassard et V. Scardigli, *La Société digitale*, 1984
Laszlo Mérö, *Les Aléas de la raison*, 2000

Michel Mitov, *Matière sensible. Mousses, gels, cristaux liquides et autres miracles*, 2010
Abraham A. Moles, *Les Sciences de l'imprécis**, 1990 (épuisé)
Catherine Mondiet-Colle et Michel Colle, *Le Mythe de Procuste*, 1989
New Scientist, *Mais qui mange les guêpes ?**, 2006
*Pourquoi les manchots n'ont pas froid aux pieds ?**, 2007
*Les Ours blancs ont-ils le blues ?*, 2009
Jacques Ninio, *La Biologie buissonnière*, 1991 (épuisé)
*Stéréomagie*, 1994 (épuisé)
Denis Noble, *La Musique de la vie*, 2007
Mick O'Hare, *Comment fossiliser son hamster et autres expériences épatantes à faire chez soi*, 2008
Josiane Olff-Nathan (sous la dir. de), *La Science sous le IIIe Reich*, 1993 (épuisé)
Sven Ortoli et Nicolas Witkowski, *La Baignoire d'Archimède**, 1996 (épuisé)
Nicolas Prantzos, *Voyages dans le futur*, 1998
Brigitte Proust, *Petite géométrie des parfums*, 2006
Dominique Proust, *L'Harmonie des sphères*, 2001
Dominique Proust et Jean Schneider, *Où sont les autres ?*, 2007
Daniel Raichvarg et Jean Jacques, *Savants et ignorants**, 1991
Roshdi Rashed (sous la dir. de), *Histoire des sciences arabes* (tomes I, II et III), 1997
Hubert Reeves, *Patience dans l'azur**, 1981
*Poussières d'étoiles**, 1984
*L'Heure de s'enivrer**, 1986
*Malicorne**, 1990
*Compagnons de voyage**, 1992
*Dernières nouvelles du cosmos**, 1994
*La Première Seconde**, 1995
*Oiseaux, merveilleux oiseaux**, 1998
*L'espace prend la forme de mon regard**, 1999
*Mal de Terre** (avec Frédéric Lenoir), 2003

*Chroniques du ciel et de la vie*, 2005
*Chroniques des atomes et des galaxies*, 2007
*Je n'aurai pas le temps. Mémoires*, 2008
Jean-Luc Renck, *L'Écho du quetzal*, 2004
Pascal Richet, *L'Âge du monde*, 1999
Benoît Rittaud, *Le Mythe climatique*, 2010
Michel Rival, *Les Apprentis sorciers*, 1996
Jacques-Michel Robert, *Comprendre notre cerveau**, 1982 (épuisé)
*L'Aventure des neurones*, 1994
Colin Ronan, *Histoire mondiale des sciences**, 1988
Philippe Roqueplo, *Le Partage du savoir*, 1974 (épuisé)
*Penser la technique*, 1983
Steven Rose, *Le Cerveau conscient*, 1975 (épuisé)
*La Mémoire*, 1994
H. Rose, S. Rose *et al.*, *L'Idéologie de/dans la science*, 1977
Joël de Rosnay, *L'Aventure du vivant**, 1988 (épuisé)
Rudy Rucker, *La Quatrième Dimension**, 1985 (épuisé)
Carl Sagan, *Les Dragons de l'Éden*, 1980 (épuisé)
Carl Sagan et Richard Turco, *L'Hiver nucléaire*, 1991 (épuisé)
Henri de Saint-Blanquat, *Mémoires de l'humanité*, 1991
Abdus Salam, W. Heisenberg & P.A.M. Dirac, *La Grande Unification*, 1991
Jean-Michel Salanskis, *Vivre avec les mathématiques*, 2009
Jean-Claude Salomon, *Le Tissu déchiré*, 1991
Thomas Sandoz, *Histoires parallèles de la médecine*, 2005
Evry Schatzman, *Les Enfants d'Uranie*, 1986
Michel Schiff, *L'Intelligence gaspillée*, 1982 (épuisé)
William Shea, *La Révolution galiléenne*, 1992 (épuisé)
Roger N. Shepard, *L'Œil qui pense**, 1992 (épuisé)
Dominique Simonnet, *Vivent les bébés !**, 1986
William Skyvington, *Machina Sapiens*, 1976 (épuisé)
Solomon H. Snyder, *La Marijuana**, 1973 (épuisé)
Alexei Sossinsky, *Nœuds*, 1999

Isabelle Stengers *et al.*, *D'une science à l'autre*, 1987
Peter S. Stevens, *Les Formes dans la nature*, 1978
Jacques Testart, *Des hommes probables*, 1999
Pierre Thuillier, *Le Petit Savant illustré*, 1978 (épuisé)
*Les Savoirs ventriloques*, 1983
Michel Tibon-Cornillot, *Les Corps transfigurés*, 1992 (épuisé)
Patrick Tort, *L'Effet Darwin. Sélection naturelle et naissance de la civilisation*, 2008
Erik Trinkaus et Pat Shipman, *Les Hommes de Neandertal*, 1996 (épuisé)
Francisco J. Varela, *Connaître*, 1989 (épuisé)
Jacques Vauclair, *L'Intelligence de l'animal**, 1992
Jean-Pierre Verdet, *Aux origines du monde. Une histoire de la cosmogonie*, 2010
Jacques Véron, *Arithmétique de l'Homme*, 1993
*L'Espérance de vivre*, 2005
Renaud Vié le Sage, *La Terre en otage*, 1989
Jorge Wagensberg, *L'Âme de la méduse*, 1997
Matt Walker, *Comment chatouiller un chimpanzé et autres curiosités zoologiques*, 2008
Steven Weinberg, *Les Trois Premières Minutes de l'univers**, 1978 (épuisé)
Peter Westbroek, *Vive la Terre*, 1998
*Terre ! Des menaces globales à l'espoir planétaire*, 2009
Edward O. Wilson, *L'Avenir de la vie*, 2003
Nicolas Witkowski, *Une histoire sentimentale des sciences**, 2003
*Trop belles pour le Nobel**, 2005

* L'astérisque indique les ouvrages disponibles dans les collections de poche « Points Sciences » ou « Points ».